猫语大辞典

[日] 今泉忠明·编 小岩井·译

猫语的读取方法 第1章
17【彻底解读篇】

预备知识 篇

面部表情 篇

........8

........12

兴趣盎然	14	费洛蒙感知中	17
怡然自得	15	感知危险	18
安心・满足	16	恐惧	19
缓解紧张	16	威吓	19
这是什么呢?	17		

姿势 篇

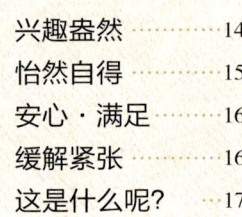

........20

尾巴 篇

........22

想要撒娇!	22	惊讶・愤怒	24
来玩吧!	23	恐惧	24
焦躁不安	23		

睡姿 篇

........26

钻箱子睡 ....28　　挡着眼睛睡 29

第1章专栏

复杂的表情 13	"呼噜呼噜"的各种秘密 37
睡吧睡吧测试 15	猫派寒暄法：用鼻子亲吻 38
遇到不认识的人就会避开视线 16	在紧急情况下十分有效的超音波叫声 39
吐舌头的表情 18	打呼噜是危险信号? 39
成年猫用尾巴逗弄小猫 24	猫也讲道义?！猫打架的原则 41
通过尾巴读懂猫咪心情 25	发情期的叫声是最有魅力的声音? 42
"香箱座"的由来 27	爱叫的猫、不爱叫的猫 42
睡姿与气温有关系? 27	猫到底能在多大程度上理解人类语言呢? 43
睡姿相同的理由 29	猫喜欢的声音、猫讨厌的声音 45
幼猫能清楚分辨父母的叫声 33	上厕所时叫, 说不定是生病了 47
一旦答应猫咪的无理要求, 它们就会得寸进尺?！ 35	过早离开父母的猫容易耍小孩脾气 49
	只有三成左右的猫会对木天蓼有反应 51

姿态 篇

站立 …… 30	倒着看 …… 32
老爷坐姿 …… 30	嘴含前爪 …… 32
前腿大开 …… 31	搭肩 …… 32
缠绕尾巴 …… 31	
耷拉着脚 …… 31	
枕放下巴 …… 31	

叫声 篇 …… 33

喵噢 …… 34	
呼噜呼噜 …… 36	
喵 …… 38	
咪呀咪呀 …… 38	
喵~（听不到的叫声）…… 39	
呼~（叹气）…… 39	
吓！…… 40	嘻 …… 43
喵~呜~ …… 40	嗯啊 …… 43
叽啊！…… 40	哗 …… 43
呐~噢 …… 42	

动作 篇 …… 48

揉呀揉 …… 48	舔啊舔 …… 54
吸呀吸 …… 49	刨啊刨 …… 56
露肚躺倒 …… 50	磨呀磨 …… 57
扭扭歪歪 …… 51	挠啊挠 …… 57
蹭啊蹭 …… 52	咬啊咬 …… 58
嗅啊嗅 …… 53	
猫拳 …… 58	
踢呀踢 …… 59	
微微颤动 …… 59	
摇尾巴 …… 60	
盯着看 …… 61	

最强的标记行为当属"喷射尿液" …… 52
别忘了带爱猫梳毛 …… 54
"猫洗脸就会下雨" …… 55
后爪的指甲通过嘴咬来修整 …… 57
猫狩猎的方法 …… 60
要注意！生病·受伤的动作 …… 62
猫也有左撇子和右撇子之分吗？…… 67

叫声篇 Q&A
猫咪叫代表什么心情呢？ …………… 44

- 对猫说话时它们会叫着予以回应？ …… 44
- 当主人外出或是回到家时会叫个不停？ …… 44
- 我一打喷嚏猫就会叫？！ …… 45
- 家人吵架时，猫会叫着过来阻止？ …… 45
- 我们家的猫会说"我要吃饭"！ …… 46
- 我们家的猫几乎不叫，是不是有点怪？ …… 46
- 只要我家小宝宝一哭，猫就会叫着过来通知我 …… 46
- 一睡着就嘟囔，莫非它在说梦话？ …… 47
- 打电话时它会叫着出来妨碍你 …… 47

不同场合下的怪异举动 Q&A …………… 63

- 为何深夜突然闹腾？ …… 63
- 野猫晚上集会都做些什么呢？ …… 63
- 能够预知家人的归来？ …… 63
- 过来给你看捉到的猎物是什么意思？ …… 64
- 为什么喜欢跟着人类上厕所、泡澡？ …… 64
- 会陪着生病的我睡觉 …… 64
- 受到惊吓为什么会垂直往上跳？ …… 65
- 抓住脖颈就会变老实？ …… 65
- 走着走着为什么会突然扑到你腿上？ …… 65

特别的饮食习惯

- 对便宜的肉、生鱼片看也不看，只要是贵的就吃 …… 66
- 为什么总是从食物的左边开始吃？ …… 66
- 将形状酷似老鼠的玩具放到盘子里当饭吃 …… 66
- 当主人坐到餐桌前时猫也会一起坐下来 …… 67
- 老是想喝一些奇怪地方的水 …… 67
- 用前肢掬水喝 …… 67

特别的如厕习惯

- 为什么有些猫在上完厕所后要用猫砂掩埋，而有些猫却不会？ …… 68
- 如厕前后都要闹腾一番是为何？ …… 68
- 刚打扫完猫砂盆就会过来小便 …… 68
- 为何上厕所时会睡着？ …… 69
- 为什么会在猫砂盆以外的地方乱撒尿？ …… 69
- 只有在主人的陪伴下才能安心上厕所 …… 69

下落之谜

- 为什么老要跑到洗衣机里面去呢？ …… 70
- 为什么老要待在家电上呢？ …… 70
- 为什么喜欢待在边边角角上？ …… 71
- 相比抱抱，它们貌似更喜欢骑在人背上？ …… 71
- 猫咪经常为争夺猫爬架最顶端而开战 …… 71

为什么喜欢这些东西

- 喜欢叼着布偶走来走去是怎么回事 …… 72
- 好像很中意餐巾纸盒 …… 72
- 虽然有很多玩具，但老是玩固定的那几个 …… 72

别册附录 猫咪身体的秘密词典 …… 73

1 眼睛的秘密 …… 74
- 猫能看见人类看不到的紫外线？！
- 只要有微弱的光线，即使在漆黑的环境中也能看见东西！
- 眼睛的颜色会左右性格？！
- 猫的动态视力好过头了，以至于在看电视就像在看格子漫画？！
- 猫和人看到的颜色是不同的！
- 猫的视力是人的十分之一！
- TOPICS 眼睛颜色的不可思议处

2 耳朵的秘密 …… 76
- 和男性比起来，更容易听到女性的声音
- 听力是狗的 1.5 倍，人类的 3 倍以上！
- 有耳毛的猫咪听力更好？！
- 脸颊两侧→头顶！猫耳朵会随着成长而移动？
- 猫的耳朵能自由摆动，所以它们能准确辨认声音来源
- TOPICS 耳朵的形状多种多样！苏格兰折耳猫的耳朵很灵巧

3 鼻子的秘密 …… 78
- 猫的鼻子非常灵敏！嗅觉是人的 20 万倍以上
- 通过气味来判断自己喜爱的食物！
- 猫的鼻子要比人类大 10 倍？！
- 之所以能跟猫成为好伙伴是因为人类不再有体臭了？！
- 猫毛色越浓鼻子越灵敏？！
- 人类所谓的指纹对猫而言就是鼻子！
- TOPICS 猫用鼻子打喷嚏！

4 舌头的秘密 …… 80
- 对水的味觉敏锐度在所有生物中是 NO.1
- 舌头可以当叉子或梳子使，超方便！
- 猫能巧妙地利用舌头使水形成水柱来喝水
- 觉得蛋白质是甜的？
- "猫喜欢鱼"这种情况只发生在日本

5 胡须的秘密 …… 81
- 胡须能感知 0.000005 毫米的差异
- 失明的猫咪胡须又粗又长
- 不仅脸上，猫的全身都长着胡须
- 胡须与眼睑相连
- 嘴边共有 24 根胡须

6 花纹的秘密 …… 82
- 即使是兄弟姐妹，花纹也不尽相同
- 猫咪原是自然界里毛色最不起眼的动物
- 世上没有黑肚子白色背的猫？！
- 条纹猫的额头上都有"M"标志
- 脸部和尾巴是较容易产生花纹的部位
- TOPICS 关于猫的花纹

7 肉垫的秘密 …… 84
- 走路就是在戳章盖印，用肉垫来标记自己的地盘！
- 正因为有了肉垫猫才能偷偷靠近
- 肉垫名称知多少
- 猫也会流汗？！因为肉垫容易出汗
- 肉垫里有弹性的部分是脂肪
- 一按肉垫爪子便会伸出来
- TOPICS 肉垫和毛色之间不可思议的法则

8 运动神经的秘密 …… 86
- 跳跃高度是身高的 5 倍
- 因为有尾巴，所以猫能在宽度仅为 3 厘米的地方走动
- 狗绝对无法做到！猫拳的秘密是"锁骨"
- 因为有出色的平衡感，所以才能安稳落地！
- TOPICS 猫身体柔软的秘密在于骨头和关节的构造

9 智力的秘密 …… 88
- 猫的智力大约与狗处于同一水平
- 猫也会得老年痴呆症？
- 猫的各种条件反射都是"聪明"的证据？

猫语会话术 【交流篇】 第2章

89

你在猫的眼中是这样的！其一
🐾 **通过图为你诊断** …… 90

你在猫的眼中是这样的！其二
🐾 **根据猫的行动来诊断** …… 94

觉得你是父母的猫咪行为	94
觉得你是兄弟姐妹的猫咪行为	96
觉得你是小孩的猫咪行为	96
觉得你是恋人的猫咪行为	97
觉得你是空气、危险人物的猫咪行为	97

🐾 **别成为对猫来说"out"的主人** …… 98

目标！与爱猫亲密交流！！
🐾 **让猫喜欢你的三步骤** …… 102

步骤1 不要勉强接近，给它自由 …… 102

步骤2 擅长和猫玩耍，抓住猫的心 …… 103
　▶逗猫教程　挥动逗猫棒就像挥动猫的猎物一般！ …… 104

逗猫棒的使用方法	基础1	像虫子一样	105
逗猫棒的使用方法	基础2	像老鼠一样	105
逗猫棒的使用方法	基础3	像鸟一样	106
逗猫棒的使用方法	应用1	伏击游戏	107
逗猫棒的使用方法	应用2	主人偷闲版游戏	107

步骤3 建立信任关系后，
　　　　享受一下抚摸它的乐趣吧 …… 108
　▶抚摸教程1　令猫咪心满意足的抚摸方式讲座 …… 109
　▶抚摸教程2　一边抚摸一边给它顺毛吧 …… 110

| 给长毛猫顺毛 | 111 |
| 给短毛猫顺毛 | 111 |

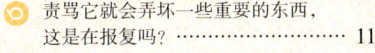 

大不同的表达　认知差异 …… 112

- 责骂它就会弄坏一些重要的东西，这是在报复吗？ …… 112
- 养了好多只猫，如果抚摸其中一只其他猫便会冷眼相待。这是在"嫉妒"吗？ …… 113
- 最近一直在安静睡觉，后来才发现是病了。是为了不让我担心才这么安静的吗？ …… 114
- 出发去旅行的早上，猫有些坐立不安，是不想我去吗？ …… 114
- 趁我不在就会捣蛋……家里没人的时候就是"捣蛋鬼"吗？ …… 114
- 猫做完绝育手术后一直蹲在房间的角落盯着我看，是在恨我吗？ …… 115

🐾 治愈交流术 …… 116

- 治愈1　感受到与猫之间的感情而被治愈 …… 116
- 治愈2　一直在一起的治愈 …… 118
- 治愈3　不知不觉就会戏弄猫咪？！ …… 119

彻底比较！ …… 121

PART 1　公猫 vs 母猫 …… 122
- Check 1　性格差异 …… 122
- Check 2　外表差异 …… 123
- Check 3　公猫·母猫杂学集 …… 125
- 怀孕·育儿知多少 …… 124

PART 2　猫 vs 狗 …… 128
- Check 1　运动神经 …… 128
- Check 2　五感比较 …… 129
- Check 3　性格与智力比较 …… 130

▶ 为何我家猫会有这样的行为
- 公猫的缘故？母猫的缘故？ …… 126
- 母猫在情感表达上很谨慎？ …… 126
- 公猫有逃跑的习惯？ …… 126
- 母猫很爱干净？ …… 126
- 公猫会偏爱特定的人？ …… 126
- 母猫吃东西时不会狼吞虎咽？ …… 127
- 公猫喜欢和人一起睡？ …… 127
- 一呼唤就会过来的是公猫？ …… 127
- 母猫爱说话，要求很强烈？ …… 127

习性 + 个性 = 猫的情绪

前言

猫其实每天都在用猫语跟你说话。当然,猫语跟人类语言是不一样的。

有时候是动作,有时候是表情神态,也有时候是突然摆出的一个姿势。

甚至连睡姿,都可以表达情绪与心情。

只要有了读取猫语的能力,那么猫所表达出来的信息,便能够全部理解了。

一旦能够读懂猫的心情,就能更好地和猫进行沟通啦。

爱猫所表现出来的不可思议的动作,无法理解的行动之谜,就让我们翻开这本《猫语大辞典》来一一解开吧。

相信大家一定会有新的发现。

某一天，小猫们的对话

××ד

人类总是不懂我们的心情，不觉得我们很可怜吗？
如果试着去听听猫咪们的对话，
肯定会发现真的是这样吧。

摄影／高田泰运　摄影协助／MARSA SMITH

一定是因为不懂猫语才会那样的吧

是那样的么？

没错没错。

所以说从现在开始,一定要好好学习猫语哦。

你要是记不住的话
我会很伤心的。

要学的有很多哦。

呐—

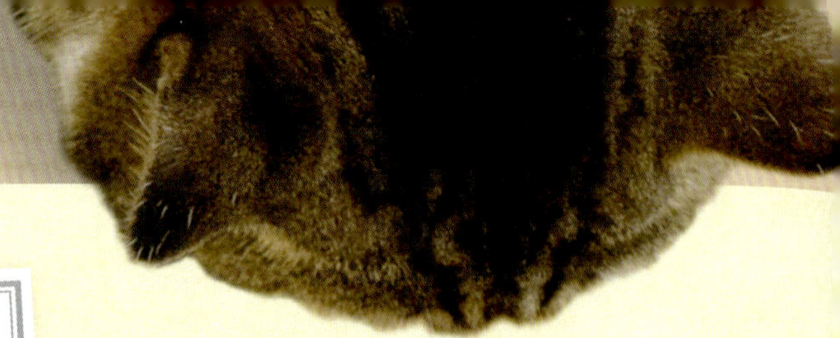

第 1 章

猫语的

读取方法

【彻底解读篇】

差不多是时候了，让我们开始了解猫语吧！

全书共分为九个部分来进一步解说猫咪的心情。

可按顺序翻阅，也可先从自己喜欢的部分开始，哗啦哗啦随意翻动页码，挑感兴趣的内容开始读也绝对没有问题哦。让我们彻底去解读猫咪的心情吧！

- 预备知识篇
- 面部表情篇
- 姿态篇
- 尾巴篇
- 睡姿篇
- Pose篇
- 叫声篇
- 动作篇
- 其他篇

预备知识篇

了解猫咪心情的基础 5个Q

Q1 猫咪到底有没有感情？

当然是有的，但并非是像人类那般复杂的感情

对于猫来说，感情的中心是基于对现在是"安全"还是"危险"的感知。比方说，"心情真不错"（这里是安全的）、"肚子好饿啊"（持续饥饿是危险的）、"那家伙是谁啊？"（我的地盘要是被侵犯就危险了）等，不过不会像人类那般复杂。比如说，人类之间会关心对方，与他人作比较后会产生失落或嫉妒的心情。然而猫咪最初是以野生独自生活为主的动物，所以社会生活这种东西是没有的，自然也不习惯去关心别的猫的事情，或者与别的猫作比较。只要感知到现在是安全的，那么心情自然就会放松愉悦。如果感知到危险，那么就会想是要逃还是要战斗。基本上猫的心情就是这样简单。

猫的基本心理

要打架吗！？ 快帮我！ 不妙！

危险 ← → **安全**

心情真好呀 安心啦 放轻松

猫咪当然是有感情的。得到食物时，以及让它们感觉到安全的事物都会使之开心，但它们也很害怕危险。为了更准确地知晓猫咪的感情，就不能把猫咪当人类一样去看待。不懂猫咪的习性就无法理解它们真正的想法。

Q2 猫是善变的动物吗？

心情模式反复无常，变来变去

猫的性情看上去比较自我、任性，这是因为它们原本就是独居动物，不会去揣测和配合别人的心情。此外，它们的情绪是有转换模式的。现在饲养的家猫中，主要有4种心情模式。其一是"幼猫模式"，就是向母猫撒娇的小猫的心情。因为主人一直像母猫一般守护着自己，所以即便成年也依然保留着一些幼猫的习性和心情。与此相反的是"家长猫模式"。也就是表现出母性（父性）的本能去照顾不是自己孩子的对象的一种模式。另外还有"野生模式"和"家猫模式"。在猫的世界里，各种模式轮流转换着，简直就像有多重人格一般，对猫来说一点都不矛盾，但却让人难以捉摸。没办法，我们只有努力去理解和观察了。

猫的4种心情模式

幼猫模式

野猫成年之后就不得不独自生活，如果依然保留幼猫的习性就很难生存。不过家猫因为一直都有主人的照顾和关心，所以即使成年也依然保留着幼猫的情绪，会撒娇、会要赖等都是幼猫模式的行为。

野生模式

一直都悠然自得的猫咪突然之间变了一个人（猫）似的来回奔跑，或者像捕捉猎物的猎手一般跳跃攻击玩具，叼在嘴里啃咬……这些都是野生本能开关启动的证据。确实能够让人意识到动物本能的厉害之处。

家猫模式

野猫会长期处于对危险的戒备状态。将肚子完全暴露出来睡觉，这种毫无防备的睡姿，是感知到安全环境的家猫才有的行为。

而在野外生活时间较长的猫就算变成家猫也不会有丝毫松懈，所以很难有像家猫这样毫无防备的安全心态。

家长猫模式

因为某种契机而激发出其母性（父性）本能，即使不是自己的孩子，对比自己小的幼猫也会像对自己孩子一般关心照顾。捕获猎物之后会分给小猫，把自己当母亲（父亲）给小猫喂东西吃，或者教小猫捕猎的方法等。

Q3 观察哪里可以明白猫的心情呢？

姿势 →前往 P20

想表现强势会把身体伸展得很大以给对方一种威胁和压迫感。气势弱的时候会把自己缩成一团看起来很小只。通过这两种基本姿势，向对方传达"我可是很强的哟"或"我很弱的啦，不要欺负我"等信息。

叫声 →前往 P33

猫的叫声有数种模式，即便同样的叫法，随着音调和场合的不同，意思也不尽相同。在什么时候叫，以及叫的频率与平常有多大的差异等也很重要。另外，经常对着主人喵叫的猫，身上带有浓重的幼猫气息。

通过表情、姿势、叫声等线索综合起来判断

想要获知猫的心情就得仔细观察。仅凭脸上的表情或叫声等一个方面是不能判断猫的心情的。同样的动作根据状况场合的不同所表示的意义也不尽相同。所以我们要通过一个一个的细节，综合起来观察猫的心情。

面部表情 →前往 P12

瞳孔的大小、耳朵的朝向、胡子的方向等都是读取表情的重点。表情变化的时候，瞳孔会突然变大，耳朵和胡子也会随之抖动。

尾巴 →前往 P22

猫咪的心情看尾巴最一目了然。即使一副扑克脸，尾巴"啪嗒啪嗒"在动就是内心情绪波动的证据。猫的尾巴是没法掩饰情绪的。

姿态 →前往 P30

身体柔软的猫会表现出各种各样的姿态。其中很多奇怪的姿态代表着各种各样的意思。

睡姿 →前往 P26

猫是很爱睡觉的动物。通过以怎么样的姿势睡觉可以判断它们是在安心地睡觉，还是一边警戒一边休息。脑袋的位置、是否能看到肚子等都是判断的重点。

动作 →前往 P48

猫的动作多种多样。通过不同的动作会向你传递不同的信息。其中也包含得了危险疾病的动作。主人提前熟悉这些动作和信息，就可以避免错过治疗猫咪的最佳时期。

Q4 每只猫表达情绪的方式都一样吗?

细谷先生家的花太郎如何表达"要拉粑粑"

花太郎在要拉粑粑之前,一定会用非常大的声音大叫十次左右。"我马上就要去拉粑粑啦"这样向主人传达消息。

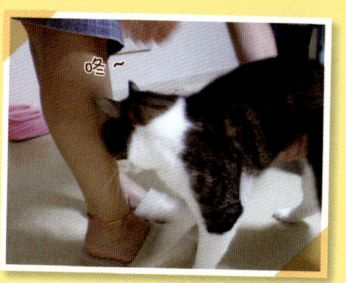

Tomo家的小泰拉表达"逗逗我!"

想要和主人逗弄玩耍的时候,小泰拉会把额头顶在主人的腿上。每当它这么做,主人就会明白它的意图。

猫咪固然有共通的表达情绪的方式,但每只猫都有自己特有的个性。比如说,希望主人逗逗自己、跟自己玩耍的时候,有会对着主人喵喵叫的猫,也有什么都不说,只是一动不动盯着主人的猫,还有蹭主人身体求玩耍的猫,各有不同。只要你仔细观察,就能明白你家猫咪所特有情绪表达方式。因为有"做○○之前一定会做○○"之类的规律,所以仔细核对猫经常做的一些行为之后,我们就可以参考本书的内容来推测猫咪的心情了。这便是你家猫咪所特有的"猫语",加上本书对"猫语"进一步的诠释,你就能完全解读猫咪的心情啦。

在情绪的表达上,猫也是有个性的。

Q5 表达情绪的方式会发生改变或是变多吗?

举个例子吧,要是猫咪一直在对你撒娇希望你逗逗它,而你又总是爱理不理,最终它可能就会觉得并不是只要撒撒娇就可以得到满足,从而学会了不再撒娇。相反,要是偶然的行为成了获得食物等好处的契机,它们便会将那些动作记下来,当做是"做了就会发生好事"的标志,开始频繁地使用它们自以为的特殊权限。能记忆学习特定技能的猫存在的原因便在于此。因此,主人的反应和猫咪对于"好事""坏事"发生契机的判断经验便影响了它们之后会采取的行动。有的猫还会模仿其他猫咪的动作。

会受猫自身经验和主人行为的影响

守屋美纪家的小桃表达"跟我玩!"

投掷毛线球或逗猫棒的话,小桃会马上叼回来。这就是想和你玩的意思哦。

天天先生家的小雪表达"我要吃饭!"

想要吃饭的时候就会对主人伸出爪子,本来是吃饭前的特技表演,逐渐变成了肚子饿要食物的暗号。

面部表情 篇

猫咪表情的重点在于它们的耳朵、瞳孔以及胡须

猫的表情中比较容易看懂的就是那双大耳朵。猫的耳朵上有30多块肌肉（人类的耳朵上退化为只有6块）。因此，猫耳朵可以朝左右前后各个方向动弹。一方面是为了更好地听到周围发出的声响；另一方面，也会根据心情的变化而改变耳朵朝向。然后是瞳孔。俗话说，"眼睛比嘴巴更能说话"，虽然不能完全这么说，但眼睛还是能表现出不少猫咪的情绪。猫瞳孔的大小是配合周围光源的明暗程度变化的。但即使周围的光亮没有什么变化，根据情绪的不同，瞳孔的大小也是会变化的。

我们可以试试看着猫咪的眼睛呼喊它的名字。那一瞬间，猫瞳孔的大小应该是会变化的。

猫咪的胡须其实一直在动。发现感兴趣的事物时，胡须就会前倾；感觉到恐惧时，胡须会往后收缩。通过这三个重点（耳朵、瞳孔、胡须）去认真观察一下猫咪的表情吧。

耳

猫咪在心情安定时耳朵一般是前倾的，越是处于被动状态，耳朵就越往后倒。主要是为了避免在遇到危险时自己那重要的耳朵受伤。为了使自己尽量看起来小一些时耳朵也会倒垂下去。

倒垂 ◀◀◀◀◀◀◀◀◀◀◀◀◀◀◀◀◀◀◀◀◀◀◀ **笔直**

恐惧

耳朵是耷拉着倒垂的状态，表现出恐惧。感受到危险时为了不使耳朵受伤时**耷拉着**。也有让对方觉得自己**弱小而不加**伤害的意思。

愤怒警戒

耳朵横着，翻过来往后的样子，是愤怒和警戒的状态。可能是看到了讨厌的事物心情很烦躁，说不定正准备攻击对方呢。

平静

猫处于放松状态时耳朵朝向正面，略微朝外，稍微能看到耳朵背面。这是猫咪最放松的状态。

好奇

耳朵笔直向上竖立、朝向前方，是在对感兴趣的事物专注地观察。这个时候看不到耳朵的背面。

瞳孔

猫瞳孔的大小会根据周遭环境的明暗程度而发生相应变化是众所周知的。但根据情绪的不同，瞳孔的大小也是会变的哦。原因是肾上腺素对瞳孔的大小产生了影响。

细

心情恶劣 攻击状态

心情不好或处于攻击状态时，瞳孔会变细，眼神尖锐地盯着对手。实施攻击的瞬间，因为兴奋，瞳孔反而会变大。另外，猫在灯光明亮的地方眼睛也会变细。

平静 满足

在安全状态下，瞳孔处于正中。仔细观察会发现瞳孔在反复地放大缩小着。这表示它们对当前的状况感到满意。再放松一些的话，还能看到瞬膜（眼睛内侧的白色眼睑）。

惊讶 好奇

当猫感到惊讶害怕或者好奇时，情绪会变得兴奋，瞳孔就会放大。这是为了睁大眼睛更好地观察。另外，猫在光线阴暗的环境中为了更多获取光线也会放大瞳孔。

大

胡须

情绪平和时胡须会处于自然下垂的状态。一旦见到感兴趣的事物，胡须就会一下子往前。相反，感受到恐惧时胡须就会往后拉。

前 ◀◀◀◀◀▶▶▶▶▶ **下**

好奇

当猫发现猎物、玩具等自己没见过的东西时就会很好奇，此时为了更多地收集信息，作为传感器的胡须就会往前倾。而此时眼睛会直直地盯着目标。

平静

嘴角处于松懈、不着力的状态，此时胡须由于引力的关系自然下垂。这说明目前的状况不需要用胡须作为感应器。

猫语读取术 高级篇
复杂的表情

一只耳朵竖起朝向前方，另一只着时，是猫遇到了非常微妙的情况，正在犹豫是要表现强势还是弱小。说明猫的内心正处于纠结状态。就像人类挑起一边眉毛的表情。

面部表情篇

【兴趣盎然】

对于感兴趣的东西专心致志观察时的表情。和人类一样，它们会睁大眼睛观察对方，竖起耳朵不想漏听任何信息。

竖起耳朵仔细倾听。所谓"洗耳恭听"，说的就是这个状态吧。耳朵直直地朝向对方。

发现感兴趣的事物时，它们的瞳孔会放大。眼皮也会被撑得大大的。这是它们在认真地观察感兴趣的东西，会一动不动地盯着目标。

嘴角使了点力，胡须伸得直直的，朝向前方。这是为了用胡须作传感器来收集对方的信息。

眼睛睁得大大的，耳朵竖得高高的！这便是它们"兴趣盎然"时的表情

发现感兴趣的东西或是看到陌生事物时，它们就会竖起大大的耳朵，眼睛也睁得大大的，就连瞳孔也会因兴奋而扩张。人类在看到有趣的事物时会睁大眼睛，猫也是如此。

此时，它们的胡须也会猛然朝向前方。胡子对它们来说其实就是一个灵敏的传感器。不知道你们有没有看过猫抓老鼠的情景，它们的胡须会朝老鼠的方向伸展。如果你在老鼠有所动静时触碰猫的胡须就会发现胡须在轻微颤动。虽然猫不会用胡须去触碰目标物，但遇到它感兴趣的东西时，胡须也会朝向前方。这是它们充分活用感官的证据。

注意看它们表情的变化！

放松的表情。好像没什么特别关心的事。

好像发现了什么，眼睛睁得好大！耳朵也直直地朝向了前方。

这也是兴趣盎然的表情！

（上）我们能看到这小家伙是侧着身子的，胡须使劲朝向视线前方。瞳孔睁得那叫一个圆。

（下）眼睛睁得好大，跟个铜铃似的！

【怡然自得】

面部表情篇

无任何不安,非常放松的表情。正因为非常安心,所以浑身使不上劲。是猫咪最幸福的表情。

是否处于放松状态,检查一下它们的瞳孔就知道了

当它们对现状感到安心和满足时耳朵会自然地向前耷拉着,瞳孔中等大小。仔细看会发现它们的瞳孔其实在轻微地忽大忽小地变化着。当它们以这样的表情看向你时,说明是信赖你仰慕你的。此时便是加深信赖关系的好时候。好好地摸摸它们,挠挠它们的喉咙吧。眼睛微微眯起说明不是很在意周遭情况,是一种非常放松的表情。最终很可能就这么睡过去了。

这也是怡然自得的表情!

(上)一看就知道这小家伙心情很好嘛!要是它们这样看着你,那就是你们增进感情的好机会哦。

(下)这只小家伙的瞳孔也是不大不小的状态,眼睛半眯着。

睡吧睡吧测试

检验你与爱猫是否心意相通!

1. 当猫咪以一副"怡然自得"的傻样看向你时,请闭上眼睛装睡。
2. 过一会儿后稍稍睁开双眼,静静观察一下猫咪。要是它也一副睡着的样子,或是真的睡着了,说明你们是心意相通的。

瞳孔不大不小,正好位于眼睛中间。一旦安下心来,眼皮也会下垂。一副睡眼惺忪的样子。

耳朵也使不上力,向前耷拉着。因为安心,所以没有必要将耳朵直直竖起来。

【安心·满足】

和亲密的人对视时，缓缓将眼睛闭上的表情。是放心与满足的表情。

一边与对方视线相对，一边缓缓地闭上眼睛。

喜欢的对象在身旁，感到安心和满足

当你和猫视线相对时，它是不是会缓缓闭上眼睛？有的猫会在你喊它名字时露出这个表情，好像在用眨眼回应你的呼唤一般。

这是猫安心和满足的表情。闭上眼睛意味着"没必要太警戒"，也就是说"对方没有敌意""可以放心待着"等意思。对主人和关系好的猫伙伴等亲密的对象在身旁感到满足。

如果对现在状况有什么不满意，想要诉苦，就会一边和主人对视一边叫来吸引注意力。

猫语读取术 高级篇

遇到不认识的人就会避开视线

有句话叫"你瞅啥？"即使在人类之间，盯着不认识的人看也是不礼貌的行为。在猫的世界也是一样。和不认识的对象互相瞅着、盯着，那是挑衅、要打架的意思。猫只会跟自己亲密的人四目相对。于是遇到不太熟悉的人，就会避开视线啦。

【缓解紧张】

猫咪困倦时会打哈欠，感受到压力和紧张时也会打哈欠。这是为了缓解压力、缓和紧张的情绪。

被骂时大打哈欠是紧张的缘故

除了困倦，猫也会在感受到紧张和压力时打哈欠。就跟人类感到困扰时会挠头一样，是一种通过其他动作来缓解自身压力的行为。猫在被斥责时打哈欠也是这个道理。主人千万不要误解，以为猫"完全不当回事"。猫在这种时候一般是睁着眼睛打哈欠的。这说明猫的内心很不安，在戒备状态。

睁着眼睛打哈欠，极有可能是为了缓和精神上的紧张。

在被主人斥责而情绪紧张时会张大嘴巴打哈欠。

用舌头去舔鼻头也是为了缓解紧张。说明猫咪正处于焦躁、紧张状态。

这是困倦时的哈欠。眼睛是闭起来的。

面部表情篇

【这是什么呢？】

歪着个脑袋，一副不解的样子。是看到陌生事物或感兴趣的东西时想要好好确认一番时的表情。

难道将脑袋歪过来就能看到平常看不到的东西吗？

人类在感到奇怪或是不解时总会歪着头。而当猫将脑袋歪过来，就说明它们想要好好观察一下感兴趣的东西。虽说猫有优秀的动态视力和暗视力，但它们的真正视力却不到人类的十分之一，光是用眼睛确认静物这样的小事也让它们十分苦恼。所以它们才会在跟目标物隔了一定距离的情况下侧着个脸，调整视角来观察事物。

歪着脑袋，一会儿朝左一会儿朝右。似乎都能从头上看到一个"？"的标记呢。

眼睛盯着对方，因为感到好奇而放大瞳孔。

习惯是会传染的？

当两只猫在一起时，它们会将头歪向同一个方向。猫咪喜欢模仿其他猫的动作和习惯。歪脑袋的习惯说不定就是被传染的。

【费洛蒙感知中】

嘴巴张开、眼睛睁大，发呆一般的表情。这种表情就是所谓的异性相吸反应。

是在确认到底是不是费洛蒙。

猫除了鼻子还有别的感知气味的器官，叫做"雅克布逊器官"，位于口腔上颚。一般来说他们都是通过鼻子来闻气味的，但要是感知到有类似异性猫的费洛蒙那样的气味时就会张开嘴巴，用雅克布逊器官确认。这个表情似笑似鄙夷，但实际上却不是你想的那样，它们是在很认真地确认感知到的气味到底是不是费洛蒙。要是公猫感知到了母猫的费洛蒙，就会因此而发情。可能是由于含有相似成分吧，它们有时候也会对人类的体臭和牙膏产生类似反应。

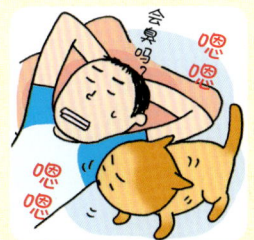

何谓雅克布逊器官？

在这附近

门牙对面有两个洞，它们就是通过那里来感知费洛蒙的。让那个部位和空气接触，借此来闻取气味，这就是费洛蒙反应。

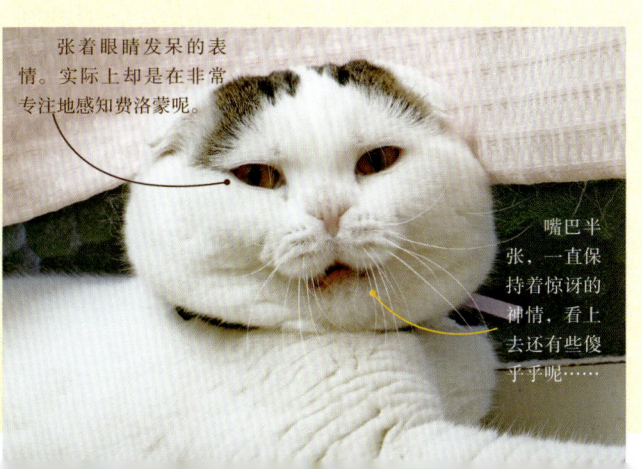

张着眼睛发呆的表情。实际上却是在非常专注地感知费洛蒙呢。

嘴巴半张，一直保持着惊讶的神情，看上去还有些傻乎乎呢……

也会有很多猫喜欢闻男性的胳肢窝或是脚背等人类体味比较集中的部位。或许是由于那些部位的味道和猫的费洛蒙比较相似吧。

【感知危险】

察觉到危险、讨厌的事物时戒备的表情。眼睛睁大仔细观察着，耳朵呈防御姿态朝向两边。

> 是攻击还是逃跑？注意力集中在这样的判断上

瞳孔变得很细小是在表达"好讨厌啊"的情绪。仿佛在说"再靠近我的话小心我挠你哦"。眼睛睁大直勾勾地盯着对方。心怀戒备时耳朵会保持朝向两边的状态。包括喉咙在内的整个脸部都紧张地绷着。对眼前可能有危险的事物仔细观察，分析着是要逃跑还是进攻。

耳朵朝向两边的状态。是对危险进行防御的表现。

瞳孔又细又敏锐，而且发着光。眼睛一直睁着仔细观察。

相较于右边的照片，小家伙的瞳孔扩张了不少。大抵是心虚了，恐惧和防御的心理愈发强烈。

小猫接二连三地伸出前爪的动作终于让大猫生气了！大猫露出可怕的表情，伸出前爪准备教训小猫。这之后的场景可想而知，应该会使出愤怒的猫猫拳吧！

这两个小家伙之间气氛不太对劲哦。耳朵虽然都直挺挺地竖着，但明显前面那只猫底气不足了些，低着腰、身子蜷缩着，大概是被它面前那只猫的气势给吓住了吧。

猫语读取术 高级篇

吐舌头的表情

有些猫咪爱吐舌头，有时候甚至会因为忘了缩回来一直将舌头露在外面。猫的前齿相当小，即使闭上嘴巴后也很容易产生间隙，所以即使牙齿咬到了也不怎么疼。像波斯猫等脸比较扁平的猫种经常会吐舌头。另外，细心舔毛之后，因为太累，就更容易忘记把舌头收回去了。不过稍微露出一点舌头在外面的样子，看起来傻傻的还挺可爱的。

【恐惧】

对危险感到害怕恐慌时的表情。说明它们正面临相当大的危机。

对于未知的危险感到恐惧时的表情。全身变得僵硬，瞳孔又大又圆，为了不使耳朵受到伤害会将耳朵耷拉下来。胡子也会向后伸展。

再细小的事情它们都不会放过，将眼睛睁得老大，就是为了看准时机摆脱困境。若是猫咪长久都保持着一副很害怕的表情，说明它们觉得自己处于危险中。不管怎么抚慰都不会使其安心。此时伸出手的话，你很有可能会受伤哦。就让我们静静地等着它们自己平静下来吧。

心中十分茫然，恐惧感爆棚！

耳朵就要耷拉下去。完全耷拉下去的话是最害怕的时候。

因为恐惧而大量分泌肾上腺素，瞳孔变得又大又圆。整个眼睛会睁得很大。想要弄清眼前的状况。

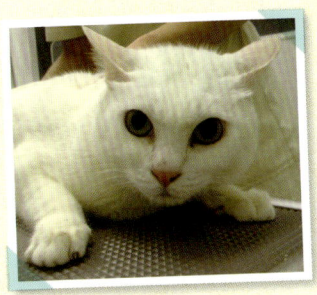

在动物医院的治疗台上因恐惧而呆住的猫。瞳孔圆溜溜的，全身僵硬着不能动弹。因为在自然界中只要一动就会受到敌人攻击。保持不动就能静静等待危险过去。聪敏的猫咪之所以会被车子碾压到就是这个缘故吧。

【威吓】

威吓危险的对手，想要吓退对方的表情。

就是因为害怕，所以才要让对方觉得自己很强大。

一边发出"呼"的嘶吼声，一边张牙舞爪威吓对手。诚然是强势的表情。露怯时它们的耳朵会倒下去或者弓着腰。如果退对方就会安下心来。如果对方不离去就会持续瞪着对方，直到最后下定决心不得不攻击和战斗。然而决斗对双方来说都是比较冒险的行为，能避免就尽量避免，能用眼神吓住对手就绝不用武力解决，这才是它们的真实想法。

瞳孔因兴奋而变大，瞪着对方予以威吓。

嘴巴张得很大，露出了牙齿。发出"吼""呼"的叫声。

大猫在呵斥小猫，小猫怯弱害怕。一般来说成年猫对小猫都是比较宽容的，但一旦小猫越界，还是会像这样威吓的。这样小猫就会记得玩耍的分寸而学乖。单独养大的猫往往会没有分寸，因为小时候没有养成好的记性和习惯。

姿势篇

猫根据情绪不同会变换各种不同的姿势

猫身体柔软，就算是在地面上四脚着地站着也可以看到各种各样的变化。

基本上，猫要表现强势时会将身体拔高，怯弱时会把身体压低。通过伸展自己的身体从气势上压倒对方，也会把自己弄得很弱小好像在说"我是弱者不要攻击我"。在猫与猫之间即将爆发战斗时，基本上都是通过身体语言来决胜负。在两方气势上都不退让不屈服的情况下才会爆发实际的战斗。有时候也不能单纯地分成强势弱势两种，也会有一半强势一半弱势的情况，这时会有下半身拉高上半身压低的复杂姿势。和人类嘴上说着霸道强势的话，身体却准备着逃跑撤退的逞强状态差不多。

前腿因为畏惧发软不能动弹，后腿因为要时刻保持备战状态，这时就会产生一种奇妙的姿态——横着走。

姿势是即使隔很远也能看懂的信号。即使不走到你身边来，也能通过姿势读懂它的心情。

强势的威慑

直勾勾地盯着对方，抬高腰身，让身体看起来更大。展露出较为威武的姿势，以求气势上压倒对方。耳朵是朝向两侧的。

下半身抬高　耳朝两侧　前腿笔直

想要吓唬别人时整个身体会抬高，但是上半身会处在不高不低的中间位置，以等待对方的出手。

弱势的威慑

虽然也有攻击之意，但内心还是比较恐惧的。这个时候下半身虽然抬高了，但上半身却还是很低，变成了如图的复杂姿势。面对对方摆出横向的身体姿势是为了尽可能地让身体看起来高大一些。

压低上半身　抬高下半身　耳朵倒垂　只有脸面向对方，身体横向

不是危险的状况，也没有讨厌的东西，完全安心的状态。尾巴自然下垂，后背是直的，耳朵也自然地朝向前面。

平静

- 背部保持水平
- 耳朵自然朝前
- 尾巴自然下垂

抬高腰身，一只耳朵是横着的，这时说明还有一些攻击意识，但因为尾巴是笔直竖起来的，则说明心情也没有那么差。

视线从要进攻的对手身上转移到眼前的地面。之后要么用前肢出击，要么就是决定撕咬上去了。

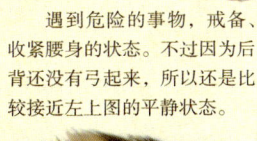

遇到危险的事物，戒备、收紧腰身的状态。不过因为后背还没有弓起来，所以还是比较接近左上图的平静状态。

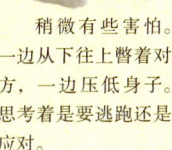

稍微有些害怕。一边从下往上瞥着对方，一边压低身子。思考着是要逃跑还是应对。

毛倒立起来威吓对手。腰身虽然提得不是很高，但却是特别害怕的状态。

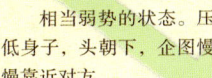

相当弱势的状态。压低身子，头朝下，企图慢慢靠近对方。

压低身子，尾巴卷起来藏在屁股下面。恐惧加剧时基本就会处于蹲着的状态。伺机寻找逃跑的契机。

恐惧·想逃跑

压低上半身，稍稍抬高下半身的状态。在仔细观察对方，犹豫着是要示弱把自己身子缩小呢还是不顾一切拼上去。

- 尽可能让自己显得小一些
- 头缩着，保持低姿态
- 耳朵倒垂就是感觉到了恐惧

姿势篇

尾巴篇

【想要撒娇！】

像小旗杆一般竖立起来的尾巴是它想要和你亲近的信号。这样竖着尾巴靠近你时表示对你怀有好感。这原本是幼猫摆给母猫看的姿势。

尾巴笔直向上竖着。像个小旗杆一般，即使离得稍远一些也能看到。

直直看着对方的眼睛，慢慢靠近。猫不会和不中意的对象对视，如果猫咪和你对视，就说明你让它感觉很安全。

尾巴笔直竖立的姿势。在移动途中，母猫随时都能注意到自己的孩子，而避免其走失。

笔直竖立的尾巴是亲昵的标志

尾巴像个小旗杆一般竖立着慢慢靠近是对你怀有好感的信号。这是猫在幼年时期为了让母猫方便舔舐排泄物而养成的本能习性。母猫舔舐幼猫的屁股时幼猫就会这样把尾巴竖起来。长大后，母猫一接近小猫，小猫也会自然地把尾巴竖起来。同样地，当猫咪遇到能让自己感受到父母般亲密感的对象时，尾巴也会自然而然地竖立起来。

母猫要舔舐幼猫的屁股，幼猫为了方便母猫的工作就会让尾巴竖立起来。

【来玩吧！】

尾巴用力后变成了倒U形，对敌人是威吓的意思，在小猫之间则是玩耍的邀请。

尾巴呈现出倒U形，对伙伴以外的猫是表达威吓的意思。但是在小伙伴之间，就变成了"来追我啊"之类玩耍的邀请方式。尾巴呈现这种姿态就是邀请对方一起来玩耍的意思啦。当对方开始追赶时游戏就算开始了。家猫一般都会用这种姿势来邀请你玩耍。

> 一起来玩嘛！或者威吓的意思

尾巴呈弧形，像个倒过来的U。一脸兴奋地看着你，尾巴又是这个形状就是想跟你玩耍的意思。

游戏中被追赶的一方会使尾巴呈现U字形，而要去追赶的一方就会像左页图片所示那样把尾巴笔直地竖立起来。

尾巴篇

【焦躁不安】

尾巴以一秒左右的频率快速摇摆是猫咪焦躁不安的征兆。这时候还是暂时不要惊动它为妙。

狗在高兴时会使劲摇摆自己的尾巴，但猫摇摆尾巴的意思却大不相同。那是猫焦躁不安的表现。猫用尾巴拍地板发出"啪！啪！"声响时也是如此。当它们感到焦躁不安时可能会出现撕咬等攻击行为。千万不要在此时去逗弄猫咪。如果摇摆尾巴的节奏比较轻柔缓慢，就表示心情还不坏。

> 不要以为摆尾巴是开心，其实是心情不佳的表现！

尾巴气势汹汹地左右快速甩动。碰到墙壁或者地面还会发出声响，可见摆动的力道很大。

左边的猫一边盯着右边的猫，一边剧烈摆动着尾巴，看上去相当焦虑烦躁。

23

【惊讶·愤怒】

在遇到危险的事物或感到惊恐时，猫的尾巴会瞬间蓬松变大。

蓬松变大的尾巴是猫受到惊吓的标志

在没有预料到的情况下遇到敌人，或者突然听到意外的巨大声响时，因为巨大的惊恐与愤怒导致极端紧张，猫的尾巴会在一瞬间竖立并且蓬松变大。猫毛竖立其实跟人类起鸡皮疙瘩是一样的道理，此时全身的猫毛都处于竖立状态，只不过尾巴的效果比起其他部分表现得更明显和醒目罢了。猫毛竖立其实是无意识的本能行为，却能使身体看上去变大，进而使威吓对方的效果增加。

想要威吓对手时猫会提起腰身，使自己身体看上去更大。

尾巴上的毛会在一瞬间竖立、蓬松变粗。简直像狸猫的尾巴一般。

平常的状态　　一生气是两倍粗

这小家伙的尾巴原本就很大，生气时还会变得更大！全身毛发都会竖立。

【恐惧】

因恐惧而身体缩成一团，尾巴夹到两条后腿之间的状态。

尾巴卷入两股之间，腰身放低，耳朵倒垂。

因为过于恐惧而把尾巴卷在两股之间的状态

在遇到不可战胜的强大对手，或者对当下状况感到十分恐惧时猫就会把尾巴收入两股之间。相较于仅仅将尾巴自然垂下的状态，这种时候所感受到的恐惧感更加强烈，因而需要缩起身子来使自己看上去弱小些，借此来表达"认输了，我投降了"之意。卷尾巴是动物表达此种含义的共通肢体语言。其实跟猫咪把耳朵垂下来是一样的道理，也是为了不使自己的尾巴受伤。

即便不是把尾巴收入两股之间，它们也会蜷缩起身子，将尾巴贴到身侧，这也是害怕恐惧的表现。

成年猫用尾巴逗弄小猫

小猫有时候会将别的猫的尾巴当成玩具来耍弄。小猫也知道尾巴是身体的一部分，只是感到有趣罢了。成年猫当然也懂小猫的心理，所以会用自己的尾巴逗弄小猫。

猫语读取术
高级篇

通过尾巴读懂猫咪心情

尾巴随心情而动！

人类所没有的尾巴恰恰会暴露猫咪的真实想法。心情平静没有变化时尾巴也不会有什么动作。"那是什么呀，好好奇啊"这样想时尾巴尖会轻轻摇摆起来，慢悠悠地来回摆动。一旦兴奋起来，情绪波动比较大的话，尾巴就会产生连锁反应剧烈摆动。就算脸上摆出一副没有表情的扑克脸，尾巴也是不会说谎的，猫的身体还是意外地诚实呢。

情绪一变尾巴也会跟着动

焦躁不安
猫在焦躁不安或兴奋等心情变化较大时尾巴的动作也会激烈起来。这种时候可要注意了哟。

心绪浮动
情绪稍有起伏时尾巴的摇摆动作比较小。即使摇摆的幅度比较大，速度和节奏也很慢。

在猫与猫之间，尾巴是重要的肢体语言！

如果将画有猫咪的纸贴起来，一开始猫可不会只当它是一张"画了猫咪"的纸，会对它又是攻击又是调查。猫的动态视力和暗视力都是一流的，但真正视力和人类比起来却并不好。眼前的东西是立体的还是平面的仅靠观看是分辨不出来的。如果图上的猫是竖着尾巴的话（友好的信号），猫咪接近它的概率会比较高。因为即便是图，伸长的尾巴也是一目了然的。

通过尾巴形状就能清楚掌握猫咪的情绪

作为猫咪之间重要的身体语言信号，尾巴能传达很重要的信息。

猫会去闻画上猫鼻子周围的气息。猫在做这些动作之后就能认识到这不是真正的猫。

猫咪在被呼唤后摇着尾巴回应对方时是怎样的心情？

喊叫猫咪名字时有时候会喵喵叫着回应你，有时候仅仅只是轻轻来回摆摆自己的尾巴来应声。这种差异是猫情绪模式的差异。当猫咪处在"幼猫模式"想跟主人撒娇时它们会用叫声来回应。处于"父母猫模式"时对主人的呼唤就会像对爱嬉闹的幼猫一般只用尾巴随意地给点反应。这表示猫知道你在叫它的名字，只是觉得特地叫几声太麻烦了。

一副父母猫的姿态，好像在说『我在呢我在呢』

尾巴是不会撒谎的

不要只是将目光停留在长尾猫上啦，偶尔也观察一下短尾猫吧。小尾巴一个劲儿地摇来摇去可有意思了。

睡姿篇

睡姿是当下情绪的自然反应

看起来毫无意义的睡姿正是猫咪心情的反应。就算是人类，在危急情况下也不会睡成大字型吧。通常也会把自己蜷缩起来。与此同理，猫在不安和警戒时为了能够迅速行动起来，脚的内侧就会紧紧贴着地面睡觉。脑袋也会贴近地面，靠在前肢之上，这样就能快速抬起头观察四周了。与此相反，在感到特别安心安全时猫会把肚子露出来，以毫无防备的姿态睡觉。此外，猫的睡姿也跟气温的变化有关。即便处于放心安全的状态，如果气温较低，为了积蓄热量还是会把身体蜷成一团。总而言之，猫的睡姿是由气温和心情两大要素决定的。

这是警戒解除的状态。脚伸出去横躺着是不能马上行动起来的。离完全暴露出肚子睡觉仅差一步。非要比较的话，与脑袋贴着地面的右边的猫相比，左边脑袋靠在前腿上的猫警戒度要稍高一些。

安全

警戒心为零、完全放心的状态，宝贝的肚子完全暴露出来无法马上起身。能看到家猫露出这样的睡姿，对于主人来说是最幸福的事了。

野猫一直要警惕周遭的安全情况是不会露出肚子睡觉的。它们会把自己缩成一团。如果看到露出肚子睡觉的野猫，那它们要么是相当习惯人类的存在，要么就是曾经被家养过。

因危险状况需要防范，会缩成一团保护身体。脑袋不会直接贴着地面，而是放在前腿上。这样如果有奇怪的声响出现就能马上抬起头确认了。

危险

即使是同样把自己缩成一团的睡姿，脚底没有贴着地面的话也不是处于戒备之中。仅仅是怕冷的保暖姿势。

睡姿篇

睡姿与气温有关系？

猫感觉舒适的气温大概是15~22℃之间。再低就会感到寒冷，常会把自己缩成一团睡觉了。让身体的内侧都不外露，连尾巴在内都团起来，把自己团成一个圆球，这样身体里的热量就不容易流失了。有的猫也会把鼻尖塞入身体中，完完全全缩成一团。温度超过22℃对猫来说就是热的状态了。猫会伸长身体以便散热。有时候会露出自己的肚子，有时候也会贴近冰冷的地面凉快一下。猫的睡姿简直就像温度计一般。

将前爪弯曲着放在身体下面的坐姿叫做"香箱座"。这时因为不便于马上起身，所以是比较安心的状态。但是头还是会抬高一些，以便马上观察四周，遇到状况立即采取行动。

"香箱座"的由来

"香箱"指放香的箱子。是盖子圆圆鼓起的长方形箱子，跟猫将爪子放在身子下的姿势很相似，所以以前的日本人就取了这个名字。用"香箱"比喻坐姿，真是优雅啊。

 22℃以上 伸长

睡成一条直线的猫咪。身姿出人意料地长！肚子贴着冰冷的地面，应该很热吧。

适温

 15℃以下  缩成球

像鹦鹉螺似的缩成团的睡姿。脑袋用尾巴挡着，很适合防寒啊。

【钻箱子睡】

野生时代留下的习性,看到箱子就想钻进去

看到新箱子猫咪就一定会钻进去看看,有时也会勉强自己钻进狭小的地方睡觉。猫咪这样的举动与野生时代留下的习性有关联。在野生时代,猫会在树洞或山洞等能让自己的身体刚好塞进去的地方睡觉。关键在于"身体刚好能够塞进"。如果过于宽敞,可能会有敌人进入的危险,就无法安心睡觉了。就算有点狭小,对于身体柔软的猫来说也是没问题的。另外,因为睡觉的窝都是藏身之处,自然是越多越好。这个习性保留至今,所以猫咪看到箱子之类的东西时,就会忍不住钻进去感受一下。

在野生时代,猫会在树洞或山洞等地方睡觉。这个习性现在的猫咪也强烈保留着。

猫咪会钻进箱子状的东西里睡觉,有的猫也会钻进篮子、陶锅里,相当有趣。

猫咖啡馆 Cateriam 的一个角落设有纸箱猫公寓。1楼2楼已经有住户入住了。貌似它们都会选择跟自己身体大小差不多的房间。

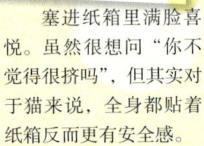

洗脸盆里刚好能塞进一只猫。大小刚好。

钻进篮子里睡得香甜。虽然从篮子的洞眼里可以完全看到身体,但它似乎也不太在意。

塞进纸箱里满脸喜悦。虽然很想问"你不觉得很挤吗",但其实对于猫来说,全身都贴着纸箱反而更有安全感。

把身体挤进透明的网状盒子里。不这么勉强自己塞进去也行吧,这是何苦呢?!这样出来的时候,身上肯定会留下网纹吧(汗)。

以四仰八叉的姿势香甜地睡着。这么奇葩的姿势也能睡得着,也是蛮强的。

钻到陶锅里似睡非睡的猫咪。下巴刚好能枕放在陶锅的边缘,对猫来说作为睡觉场所是非常合适的。

【挡着眼睛睡】

猫用前肢挡着脸的睡姿。这个非常像人类的动作很受大家的喜欢。

> 光线太明亮了用前肢遮挡一下

在光线照射下有些人依然能安然入睡，但有些人就睡不着了。对猫而言，也有周围环境明亮就睡不着的情况。猫眼睛的感光度比人类要高很多，而且像荧光灯之类人造光线是自然界所没有的，当然更会觉得刺眼晕眩。所以这个时候就会用前肢挡着脸，让眼前处于黑暗之中才好入眠。这也是在无法移动到暗点儿的场所，或者觉得换个地方太麻烦时的对策。

睡姿篇

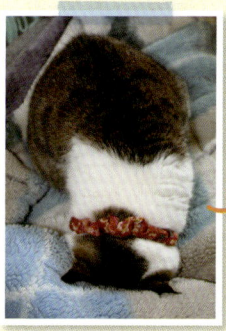

塞进小脑袋

呼吸不会很困难吗？头都埋进毛毯里了……不过这样倒是完全可以躲开光线了，还真是便利的姿势啊。

两个前肢一起挡着脸。仿佛能听到它正在抱怨"好刺眼啊喵——"。

盖着同一个被子，好像兄弟一般睡在一起的小男孩和猫。

和主人一样侧躺着睡，紧紧贴在主人身边。以此可以看出主人与猫之间的信赖关系。

这两只小猫是以一样的好像跳舞一般的姿势睡着的。连前腿的交叉方式都一样。

脑袋碰脑袋！左右对称的相同姿势。在能感受到对方呼吸的距离下睡着，看来是关系相当不错的好兄弟呢。

团起来睡觉的姿势一模一样。甚至连脑袋枕在脚上的位置也完全相同。这两位真是关系不错啊。

猫语读取术 **高级篇**

睡姿相同的理由

注意一下就会发现，猫和猫之间会以相同的姿势睡觉，猫和人也会以相似的姿势睡觉，有发现吗？当然也有人认为，这只是热的时候都会展开身子睡，冷的时候都会缩着身子睡的偶然巧合罢了。但是，如果脸的朝向和脚的朝向也一致的话，就不是"偶然"能解释的了吧。这是猫的一种同步行为。小猫在跟母猫学习生存技巧的时候，就会模仿母猫的一举一动。与亲密的小伙伴之间也会有这种同步行为，会自然地与对方保持一致的动作、模仿相似的姿态等。如果你家的猫咪和你的睡姿相同，那就证明它和你很亲近哦。

这是好朋友的象征哦！

姿态篇

【站立】

屁股贴着地面，脊背笔直伸长站立的姿势。这个姿势简直就像土拨鼠是不是？

比起暹罗猫那种苗条细长的体型，苏格兰折耳猫这种圆乎乎体型的更容易稳定保持站立姿势。

明明什么都没有却似乎在盯着什么看，实际上是在听着人类听不到的声音。

站立姿态是确认势力范围，感到好奇、警戒的表现

对远处的事物感到好奇，对身边感到戒备时猫会站立起来让自己的视线变得更高，以便更好地观察在意的对象。土拨鼠站立的姿势也是同样的道理。所以说，常出现这样姿势的通常都是地盘意识比较强或者是好奇心和戒备心较强的猫咪。对于猫来说，这样的站立姿态也并非特别累，所以也有猫能保持站立好几分钟。

【老爷坐姿】

像人类一样张开腿，用腰撑着地板的坐姿。我们编辑部的人擅自命名为老爷坐姿。

我是王

在野猫中看不到，超级放松的坐姿

一般猫咪的坐姿是第11页右上方那样四肢支撑着身体的。像这样后腿完全张开，一旦有什么事发生就不能迅速站立起来做出应变了。可以说这种坐姿是宠物猫才有的。是非常麻痹大意，感到放松安全的表现。这种坐姿跟母猫给肚子理毛时的样子很像，所以恐怕是理毛时，意外发现这种坐姿"很舒服"，于是慢慢变成一种习惯了吧。

【缠绕尾巴】

坐下时尾巴像围巾一般缠绕在脚上。这是特别谨慎规矩的猫咪才会有的姿态。

长尾巴要是离开身体周围就有被踩到的危险。特别谨慎的猫咪会把尾巴收紧，缠绕在脚上。也许以前曾有过尾巴放在外面被踩到的惨痛经验。有些戒备心更强的野猫为了不在地面上留下自己的气味，会把尾巴放在屁股下压着坐。

为了避免弄伤长长的尾巴而使其紧贴着身体

【前腿大开】

一般情况下前腿会放在身体中央，现在却在两边，同时夹着后腿。

跟前面的老爷坐姿相同，可能也是理毛时发现的姿势。猫在舔舐背部时，一只前腿会绕到背后（后腿的外侧），这个妙姿便由此衍生而来。对猫来说也是个意外地感到舒适安定的坐姿吧。

在理毛时偶尔摆出的妙姿

【枕放下巴】

下巴枕放在什么地方的姿势。

发现了感兴趣的东西或者略微有些戒备的时候，为了让脑袋更容易抬起来观察四周状态的动作。如果有高度刚好的物件就会把下巴放上去，又轻松又开心。即便是精神不集中，一个恍惚睡了过去，只要一睁开眼睛就能立刻把握周围的状况。很困但依然处于戒备状态时就会像这样把下巴放在东西上面休息。

虽然想观察在意的东西，但又想放松一点

把下巴枕放在吸尘器管子上休息。不过在那种地方为什么会舒服自在呢？

下巴枕在椅子腿之间连接的部分上，往这边观察。下巴上的肉都挤在一块了！

【耷拉着脚】

在高处休息时完全处于脱力状态，脚耷拉着的姿势。这是野生时代遗留的休息方式。

大家有没有见过在树上伸腿伏卧休息的狮子？它们也是跟猫一样双脚懒洋洋地耷拉着睡觉。猫在野生时代就是这样在树上休息的，是当时遗留下来的习惯。或许也是感到有些热，为了更方便散热吧。

野生的狮子是以同样的姿势休息的

Pose篇

31

【倒着看】

倒立着盯着你看的姿势。

倒立着仿佛看到了另一个世界，感觉很有趣。

人类的小孩会弯腰从自己的两腿之间往后看，猫的这种动作也差不多。倒立着即使是熟悉的场所也能有一个别样的视角，感觉很新奇，仿佛置身于另一个世界。也许从猫爬架上下来时发现了这个有趣的视角吧。猫有时候也跟人类的小孩一样，会使用想象力玩"思维游戏"呢。

【嘴含前爪】

把前爪放进嘴巴里的姿态。好担心下巴会不会掉下来⋯⋯

像小孩子吸奶嘴一般奇妙的动作。

难道是幼猫时舔前爪上母乳的动作残留？！

有这种奇怪动作的猫很少。上图这只猫貌似已经习惯了这种动作。根据推测，应该是幼猫在喝母乳时，前爪上也沾上母乳，在舔舐前爪的过程中习惯了这个动作，而保留至成年。幼猫时期的很多动作和行为都很容易残留下来。

【搭肩】

一只猫用前爪搭着另一只猫的肩膀，好像抱着对方一般的姿态。

强势的猫会搭它想要支配的猫的肩膀？！

住在一起、关系好的猫之间经常会做出这个动作。这当然是关系好的证明，但也不仅限于此。将前爪搭在别的猫肩膀上也是无意识中想要压制对方的心理表现。强势的猫对弱势的猫有一种压制全身的动作叫"骑跨行为"。在这个场合，将前爪搭在别的猫身上的猫就表现了它是强势的一方。因为被搭的猫不能很快活动，所以相对来说就是认可了自己是弱势的一方。以人类来打比方，就像"这是我的女人！不要出手哦！"这样的感觉。

猫咖啡"爱猫之屋"的丸尾喜欢搭着新来小猫的肩膀。不过觉得丸尾更像是一厢情愿。

白猫麦克始终和黑猫美子你依我依。它们把一心一意的感情完全传达给了对方！

小猫小零和铃铛互相倚靠着睡觉，没地方放的前爪就搭在了对方的身体上，多么和谐的画面啊！

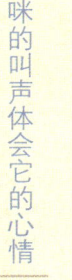

叫声篇

结合猫咪的叫声体会它的心情

家里的猫一直朝你叫时你可能会产生"若是能知道它在想什么就好了"的想法。猫在什么时候发出哪种声音也是探究猫咪心情的线索之一。猫的叫声大致有两种意义。对于自己的孩子、兄弟等关系亲近的猫发出类似"快来这里"的声音；而对于那些不认识或者当成敌人的猫就会发出类似"走开"意思的声音。对像母亲一般亲切的人会发出撒娇般的叫声，而对危险的人物会发出警告威胁般的叫声。

在这里，我们将会对猫的每一种声音进行解说。但是，由于并不是所有猫的叫声都一样，所以即便是一样的叫声也要根据场合去判断意思。仔细观察猫咪发出叫声时的情形对于判断猫的心情是非常重要的。

喵噢~

猫咪叫声大致上有两种意义

呼唤对方的声音

- 【喵噢】 P34
- 【呼噜呼噜】 P36
- 【喵】 P38

在亲人之间亲密地呼唤对方

猫咪经常会对亲人发出"来这里呀"的呼唤声，传达安心和满足的心情，也会通过叫声来互相问好。这是一种如撒娇般温柔的叫声。

吓跑对方的声音

- 【吓！】
- 【喵~呜~】 P40
- 【叽啊！】

用尖锐的叫声吓跑对方

把对方当做敌人时猫咪会发出尖锐的叫声，好似在说"不要过来""再靠近的话就不客气了"。这时猫咪通常会处于勇敢与胆怯两种状态，可以通过姿势或表情来判断。

幼猫能清楚分辨父母的叫声

母猫和幼猫经常用叫声来确认对方。幼猫一发出叫声，就能通知母猫自己所在的位置，而母猫一叫，就是在呼唤幼猫。即便同一区域内有很多对母猫和幼猫，它们也不会搞错自己的妈妈或者孩子。企鹅能通过叫声从数百只的群体中找出自己的孩子，更何况是听力上更占优势的猫。幼猫出生四周后，便能准确无误地分辨出父母或者兄弟姐妹的叫声。这也是一种生存的手段。

是妈妈！

【喵噢】

猫咪最常见的叫声。有时音高，有时音长，抑扬顿挫，富于变化。

"喵噢"

原本是幼猫向母猫发出的叫声

说起猫的叫声，你会想到什么呢？根据猫的不同，叫声会稍微有点差异，但是总归来说最常见的还是"喵噢"这种叫声。原本是幼猫感到冷或者饿的时候发出的声音。如果是野猫，一旦长大就不会这样叫了。但是如果是家猫，把主人当成是母猫的话就会一直觉得自己是幼猫，所以会经常发出这种叫声。

对主人有所请求或者有意见时发出的叫声

原本是幼猫才有的叫声，但是随着与主人关系的逐渐深入，就产生了各种意思。比如"肚子饿了""一起玩吧""带我出去"等对主人表达自己的要求或主张。明白了"一叫就有饭吃"，才会对主人一直叫来表达自己的请求。至于猫咪在请求什么，就要通过具体的场合去判断了。

刚生出的小猫通过叫声对母猫传递危险信息

当幼猫感觉到冷或肚子饿、痛苦或危险时就会本能地发出叫声。母猫听到叫声后便会守在幼猫身边。这就是"喵噢"的原本含义。

猫咪撒娇的各种"喵噢"
各种情景解析

在餐盘前

明显是在说"我饿了"嘛。如果已经过了饭点，那得赶紧喂它们吃饭啊。但要是喂的不是时候那也是个问题。一旦它们意识到"只要叫就有吃的"，就算不是饭点也会赖着你喵喵叫的。

竖起尾巴，边喵噢边靠近

当猫将尾巴竖得笔直并向你挨近时是把你当成了母猫而向你撒娇的意思。这个时候就好好疼爱它们吧。和猫之间的情感也会加深哦。

在自来水龙头前

这是"我想喝水啊，快打开水龙头"的意思。一般是那些不喝放在盘子里的水而喜欢喝流动水的猫。因多喝水有益健康，所以还是尽量满足它们的要求吧。

在门前或窗前

大概是在说"我想去外面啊，快开门呀"。特别是那些有外出经验的猫，就算只出去过一次，也会变得对外面的世界无比憧憬。但由于在外面很容易出交通事故，所以还是尽量不要满足猫咪们的要求为好。

叫声篇

一旦答应猫咪的无理要求，它们就会得寸进尺？！

像"来玩儿呀""你倒是理理我呀"这些无害的请求还是尽量满足它们吧，因为这样会加深你和猫之间的情感。但像"我还要再多吃点儿"之类无理的请求还是要拒绝的。虽然它们一用萌萌的声音朝你撒娇你可能就会想要给它们吃，但切记过量的食物可是会损害它们的健康的哟。还有，早上起床后嚷嚷着要吃时也是，千万不要拗不过它们就喂食了呀。因为它们会觉得"只要这样做了就能有吃的"而每天早上不厌其烦地冲你叫唤。要是它们求了你很多次你还是爱理不理的话，它们也会放弃的。为了猫和人能够一起舒适地生活下去，那些无理的要求还是尽量不要满足它们吧。

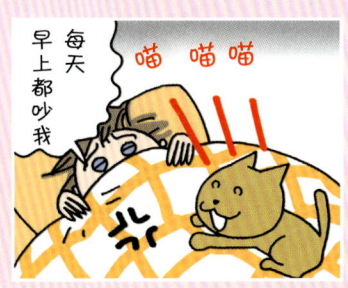

【呼噜呼噜】

由喉咙发出的声音。有时隔很远也能听得很清楚,有时要侧过耳朵才能听到。猫咪不同,声音大小也会有很大不同。

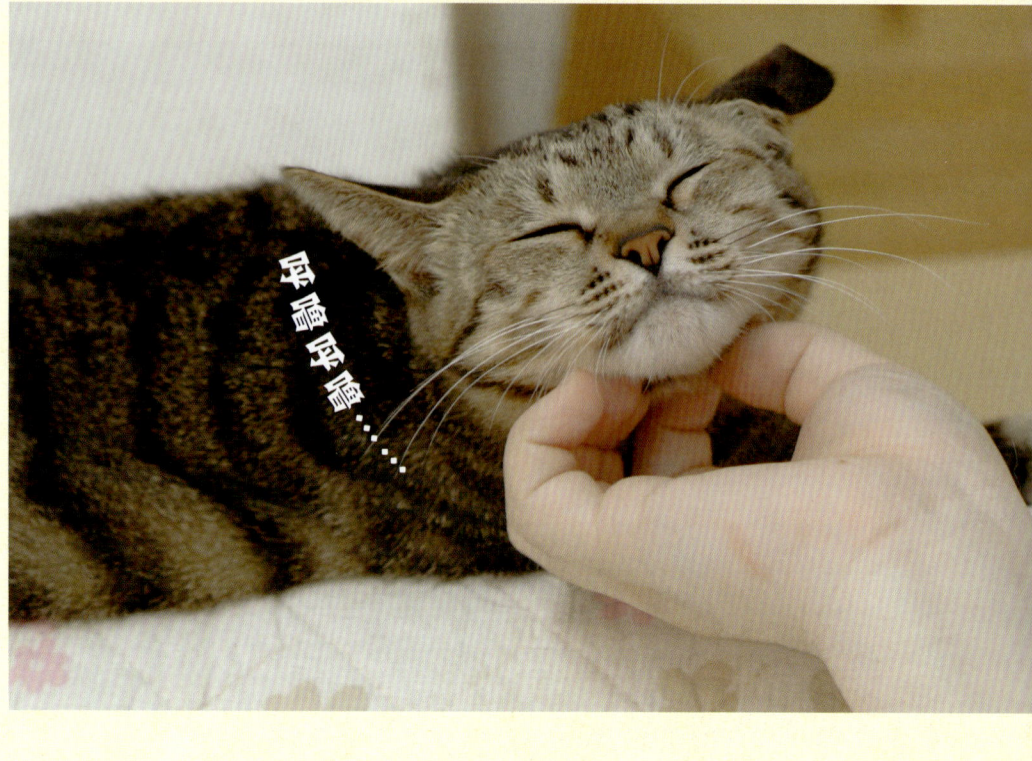

呼噜呼噜……

原本是小猫为了告诉母猫自己很满足而发出的声音

当小猫感到很满足或很安心的时候,它们就会从喉咙发出声音来告诉母猫。所以呼噜呼噜是"我很好哟"的意思。母猫在听到这个声音后会觉得"这孩子没问题的,正在茁壮成长呐"而放心。而且即便是正在喝奶闭着嘴巴,它们也能从喉咙发出呼噜呼噜的声音。

长大后其含义变得多种多样

最初是用来表达"我很好哟"的呼噜呼噜声随着猫的长大含义也变得多样了起来。用手挠它们喉咙时发出的呼噜呼噜声其实跟小时候的呼噜呼噜声一样,是很满足的意思。此外,当它们撒娇着表达"我要吃饭啦""来玩儿吧""你来逗逗我呀"之类的意思时,也会发出呼噜呼噜的声音。令人费解的是,它们在身体不舒服的时候也会发出呼噜呼噜的声音。虽然具体原因不明,但说不定是因为这样能够让它们觉得安心。尽管如此也不能轻易地就说呼噜呼噜等同于心情舒畅。

呼噜呼噜到底是怎么发出来的?

人们至今也不是很明白呼噜呼噜声到底是怎么发出来的。在很多种说法中,最有说服力的一种是说猫喉咙深处有一种叫"软口盖"的柔软部位,它能根据心情的变化而颤动发声。也有人认为是血液猛地撞到动脉壁上发出的声音和静脉血流入胸部会产生这样的回音。猫咪日常生活中再普通不过的呼噜呼噜声至今仍疑点重重。

"呼噜呼噜"的各种**秘密**

一边叫一边"呼噜呼噜"的心情是?

有些猫会在喵叫的同时又在喉咙里发出呼噜呼噜的声音。是在要求什么呢?这是比第34-35页撒娇的"喵噢"更加强烈的表达方式。此刻它们既陶醉又兴奋,要是继续这样发展下去它们可能就要按捺不住跳起来了哟!

身体不适时也"呼噜呼噜"?!

猫在不舒服时也会发出呼噜呼噜声的说法已经基本得到了兽医的证实。兽医多次目睹它们因身体不舒服而被带到医院看诊台上呼噜呼噜的样子。在生病受伤感到疼痛或是身染恶疾时,都会发出呼噜呼噜声。虽然详细原因不明,但也有人说它们这样其实是为了营造一种放松的状态。注意不要将爱猫因身体不适而发出的呼噜呼噜声错当成是心满意足的表示。

狮子老虎也"呼噜呼噜"?

狮子老虎同属猫科动物,会不会也呼噜呼噜呢?首先,听说狮子也和猫一样能够通过喉咙发出声音,而且声音还蛮大的。另一方面,并不是说老虎会发呼噜呼噜声,而是当它们感到心满意足时会发出一种"呼呼呼呼"的特别的声音。到底是怎样的一种声音呢?

狮子的咆哮很惊人,它们呼噜时的声音应该也很大吧。

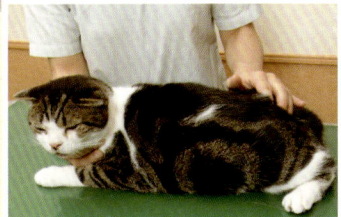

猫在动物医院的看诊台上因为紧张也会发出呼噜呼噜声。而且当我们给猫咪洗澡的时候,它们也会因为不喜欢而发出呼噜呼噜声。

隐藏在"呼噜呼噜"背后的惊人效果

有种令人吃惊的说法是"猫的呼噜呼噜声其实有治疗骨折、强健骨骼的功效"。美国的一个研究所曾提出一个假说,猫的呼噜呼噜声是20~50赫兹,这种频率的震动具有提高骨骼密度、治疗骨折的功效。

实际上利用超声波的震动来治疗骨折的方法也是有的,据说一般用在运动员身上。也有种说法是呼噜呼噜不仅仅对治疗骨折有用,连在缓解呼吸困难上也有功效。如果当真的话就不难说明猫在身体不适时呼噜呼噜其实是"为了治疗自己"了。也有人提出在野生环境中自力更生的猫的自我治疗能力其实蛮强的……真相到底如何呢?

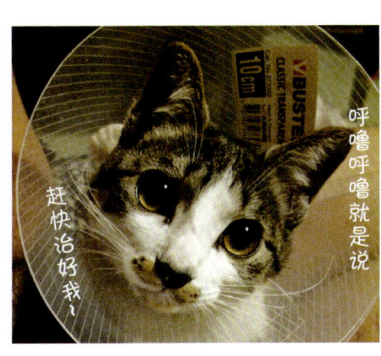

【喵】

对亲近的人所发的短而轻的叫声。

轻轻地叫一下来向对方打招呼，相当于人类的"嗨，你好"。

猫原本没有打招呼的习惯。猫咪之间的打招呼基本上是通过蹭鼻子这样的肢体语言来表达的。之所以变成了叫的方式，多半是受了和人类一起生活的影响。因为在对着人类时，相较于肢体语言，声音更能引起注意，久而久之它们就用叫声来打招呼了。而且，当一个家庭里同时生活着好几只猫时，由于比在野生环境中的势力范围窄，为了在有限的空间内和平共处下去，才有了"叫着打招呼"这样的方式吧。

猫派寒暄法：用鼻子亲吻

猫咪遇到关系亲密的同伴时会相互蹭蹭鼻子。这其实是猫派的寒暄方式，为了确认对方的味道而闻闻对方口腔。当人伸出手指时，由于此举比较像轻轻伸出鼻głów，受了猫派寒暄习惯的影响，它们也会反射性地将鼻子凑过来闻闻味道。

【咪呀咪呀】

一边轻微地张合上下颚，一边用牙齿喀吱喀吱发出的不可思议的叫声。是在凝视什么东西时发出的叫声。

是因为抓不到猎物而"纠结"吗？

猫发出这种叫声时听者的感觉会有不同，有人会觉得像"咯咯"之类的"狗叫"。它们这样叫时一般是在看着窗外。窗外应该有小鸟之类的小动物吧。猫会一直盯着它们看。但也只是看看而已，又不能抓到。这种时候就会发出这样的叫声。有人说这是"明明想要抓住猎物却无能为力"的"纠结"。也有种说法是说它们会在脑海中想象出向猎物猛扑过去咬住猎物的场景，因而牙齿会喀吱喀吱发出这种声音。有些猫在想要玩而刚好玩具被收走时也会发出这样的叫声。

【喵~（听不到的叫声）】

感觉好像是朝着主人的方向叫的，其实只是张着嘴巴而已，并没有出声，是那种无声的叫声。

据说猫能用一种人耳听不到的高频率（超声波）来鸣叫。一般刚出生不久的小猫这样叫的比较多。在它们感觉到危险时会用超声波鸣叫。也就是说它们之所以这样叫，是把你当成母猫了。只是人类听不到而已，它们可是很认真地在朝你叫哦。这时候，就请你充当一回它们的父母，好好地疼爱它们吧。

可能是通过"超声波"发出的"超级"撒娇声

在紧急情况下十分有效的超声波叫声

和母猫走散时小猫会叫着告知母猫自己有危险。因为用超声波叫能够很清楚地将信息传到母猫耳朵里，这样母猫就能够迅速感知到小猫的踪迹而去施救。超声波可以说是小猫非常时刻用的报警器。

【呼~（叹气）】

由鼻腔呼出一大股气体而发出的声音。它们和人类一样会叹息，只不过是从鼻腔发出的。

当猫"呼~"地叹口气时，你可能就会担心它是不是有什么烦心事。放心好了，猫叹气并不是因为有烦心事。就算是人类，精力集中在某事物上时也会自然屏息，一旦紧张解除就呼出气体，猫也一样。它们在观察陌生事物时同样会屏住呼吸，一旦觉得安全了，便会将原先屏住的气息一下子都吐出来，从而发出"呼~"这样的声音。

但要是主人对猫做了某个动作之后，它发出了"呼~"的叹息声，那肯定是感到了紧张，所以此时最好反省一下对猫到底做了什么为好啊。

不是因为有烦心事而叹气，而是为了缓解紧张情绪

打呼噜是危险信号？

从来都不打呼噜的猫突然打起呼噜可能是气道中长了肿疱之类的东西。但由于猫本身的扁平脸加之它鼻子的构造，就算是健康的，也很容易打呼噜。

叫声篇

【吓！】

张大嘴巴，露出牙齿，从喉咙深处发声。

吓唬对方的叫声

为了让对手感到害怕，并逼迫其撤退时发出的叫声。意在警告对方"不准过来！""再过来我可就不客气了！我可是很强的！"而且，同样是吓唬，气场强劲的猫给人一种威风凛凛的感觉。相对地，底气稍显不足的猫便是一副腿软耳朵塌的姿态。区别就在于它是自信的，还是虚张声势。

刚生下来不久的小猫也会通过发出这样的叫声去吓唬别人，可以被认为是猫的本能吧。

平时看上去很可爱的猫一旦露出獠牙，神色就大变了！要是它用这个声音来吓唬主人，即便你再讨好它，它也会让你吃不了兜着走。还是暂时不要理睬它为好。

【喵～呜～】

打架时双方对峙时发出的嗥叫声。

为了吓唬对手，在打架时给自己助威的叫声

即使发出了"吓！"那样的叫声还是不能吓退对手，相互瞪视许久后终于决定开战，这时就会发此声助威。声音时强时弱，充斥着一股紧张的气氛，像嗥叫一般绵长。仿佛是在说"你打还是不打"，为即将开始的打架助威。

一旦开战，便不仅仅是这种程度的叫声了，声音还要更加尖锐刺耳。

瞧！它们正瞪着对方。情况很不妙的样子。左边的猫激烈地摇晃着尾巴，仿佛十分焦躁。希望它们不会真的打起来……

【叽啊！】

尖锐刺耳的叫声。打架中被咬伤时发出的叫声。

将难忍的疼痛以及恐惧的感觉大声叫嚷出来控诉对方

当猫咪打得正激烈被对手咬住，或是尾巴被人类踩到时，因为非常疼非常害怕，不由得就会叫出声来，意在告诉对方"住手啊！""好痛啊！"声音刺耳到简直让人想要捂住耳朵。

交配结束时母猫也会发出这样的叫声。因为公猫的阴茎处有刺，拔出阴茎时疼痛剧烈，母猫甚至会朝公猫猛击一拳。

猫咪嬉戏时也会一个不小心动起真格来咬到对方。在那时，被咬的一方会大声叫出来。于是咬方由于受到惊吓会减轻咬的力度。猫咪就这样慢慢掌控了玩耍时的度。

猫也讲道义?! 猫打架的原则

乍一看好像毫无规则可言的猫斗,其实存在着超乎人类的道义规则。猫咪还是意外地重情义呢!

只要认输我就饶了你

打架会消耗不少体力,而且存在受伤的危险,所以对双方来说都是不利的。因此猫咪不会胡乱地就打起来。毫无益处的争斗要尽量避免。所以,当意识到有不认识的猫在场时也要装作没看到,若无其事地走过也不会看它一眼。

但在发情期为争夺母猫而发动的争斗却是无可避免的。这可是关系到繁衍后代的大事,决不能退缩。虽说是这样,在对峙时大概能从双方的体格气魄(自信)上来预见胜负,"肯定是我比较强"啦,"这家伙是赢不了的",所以实际上不用打就结束了。只有在双方势均力敌或是互不相让的情况下,战斗的锣鼓才会敲响。但就算如此,一旦对方认输便不会再攻击。所以说这是比人类间更仁义的战斗哟。

只要对方认输就决不会再出手

调整姿势
终于要攻击了。将身体重心放低,做好进攻的准备,一边敏锐地读取对手的动作,一边看准时机随时准备扑过去。

缓慢接近
尽管警告了对方,双方还是互不相让时那就开打吧。看着对方的眼睛,一边"喵呜"着,一边缩短彼此的距离。

相互威吓
和不认识的猫视线相交就是找茬儿吵架的表现。怒发冲冠,发出"吓""呼"之类的声音来吓唬对方。

一方倒下则战斗终止
当其中一方发动攻击,另一方还是蹲在那里一动不动时它就输了。赢了的猫便不会继续攻击。只要胜负有分晓就好。

暂时休战稍作休息
当其中一方败下阵来时另一方也会稍作休息放松一下。这时就能够看到猫们梳理毛发的样子了。这是为了舒缓紧张情绪。

拳打脚踢
朝着对方的脖颈猛扑过去。伴随着此起彼伏的尖锐叫声,又是抓又是咬。

叫声篇

【呐~噢】

发情期时的叫声。声音大而响亮。

为寻觅异性而大声鸣叫，四处转悠

每当猫迎来发情期，它们就会发出洪亮的叫声来寻觅异性。在猫一年数次的发情期中，一月到三月是最长的，甚至都有一个专门用来形容这个时期的季语叫"猫之恋"。对人类来说差不多的叫声，猫咪一听就能分辨出雌雄。公猫一听到母猫的叫声就会聚集到母猫的身边来，有时候一只母猫的身边能聚集好几只公猫。一旦那样，一场争夺母猫的战争就无可避免了。

发情期的叫声是最有魅力的声音？

猫一旦发情，不论公猫还是母猫，都会大声鸣叫来搜寻对方。而此时的叫声不光是为了向异性展示自己，更有向其他公猫宣示自己存在的意思。这么说来，猫发情期的叫声是有两种含义的，是比较特殊的叫声。但这种叫声有时会透着股歇斯底里的劲儿。难道是它散发了不同于平常的荷尔蒙的缘故吗？总是叫声可人的猫竟然也会发出这么猛烈的叫声。但对猫来说，这确实堪称"最具魅力的声音"。还真是有趣啊。

爱叫的猫、不爱叫的猫

根据猫品种的不同可分为爱叫的猫和不爱叫的猫。当然声音大小上也是有区别的。现在就其中一部分来介绍一下。

暹罗猫
有着与它纤细体形不相符的洪亮叫声。开朗活泼的性格使得它经常大声嚷嚷。

孟加拉猫
经常朝人嚷嚷，也就是一般人说的"爱瞎叫的猫"。经常以各种高分贝的音量叫着些什么。

波斯猫
波斯猫大多温和，叫声相对比较保守。换句话说，它就是一只老实巴交循规蹈矩的猫。

异国短尾猫（加菲猫）
波斯猫的短毛版，叫声也是出了名的小。性情悠哉、十分乖巧。

俄罗斯蓝猫
这是一只叫声出了名小的猫，甚至都有人称呼它为"沉默的猫"。一旦长到成年就更不怎么叫了。

喜马拉雅猫
这种猫与波斯猫有着差不多的体形，叫声同样保守。性格也十分友善、安静。

猫到底能在多大程度上理解人类语言呢?

猫当然不能理解人话啦……怎么可能！它们还是能领会一些的啦。但究竟能明白多少呢？

记住名字、饭之类的词

据说狗能听懂80种人类语言。而猫的智商又和狗相差无几，所以我们推测猫也能听懂相同程度的人类语言。

猫容易记住的词一般是预示着会发生好事的词和会发生坏事的词。打个比方，喂食（好事）的时候，每回只要主人说"吃饭了呦"，猫就会记住"饭"这个词。相反地，要对猫发火（坏事）的时候，每回只要一说"喂！"它就会知道"喂"这个词代表主人生气了，所以会逃离现场。

他们也会记住自己的名字。因为主人经常叫自己的名字，它们自然会记住跟自己有关的话。像"咪可，吃饭了呦"等由名字和"听到后会发生好事的词"组合出现时就更能记住了。

当一家人以"妈妈""阳子"之类的词称呼彼此时，猫咪也能记住别人的名字。

猫咪通常以"声音"识别语言

如果你对它们不用平时的腔调说话，它们理解不了的。比如改变语音语调，将平常很温柔地说出来的话突然用很恐怖的感觉说出来等，只要稍稍改变下说话的气氛，就算是同样的话，它们也可能理解不了，从而不能给出相应的回应。即使是平时没有对它们说过话的人，由于声音语调的不同，也有传达不到意思的时候。

对于比较相似的词，猫是分辨不出它们的区别的。假如家里养了很多只猫，在给它们取名字的时候，要取类似"咪可""小樱"这样对猫来说发音容易辨识的名字。

咪可 ? ? 喵可

你听过这样的叫声吗？

罕见的叫声。猫也能发出这样的声音？！

叫声篇

【嘻】

朝猎物猛扑过去时由于兴奋不由得就叫了出来

在发现猎物或是将玩具当做猎物攻击时，鼻腔里便会发出这种声音。我们能够听到"嘻""呸"之类像是在咂嘴、吐唾沫的声音。感觉他们此刻的心情就像是在说"好嘞，看我的！"是兴奋的表现。这并不是朝对方发出的声音，而更像是"自言自语"。

【嗯啊】

发现猎物后兴奋不已，不觉间便叫出了声

在经过一番努力终于发现猎物时，它们便会发出这样的叫声。像是在说"原来你小子在这里呀！""可让我好找！"实在太兴奋了，不知不觉就叫了出来。接下来就只等瞄准时机猛扑过去啦。

【哗】

以这种瘆人的声音向对方发出警告

在警告对方时，它们通常会发出一种类似于狗叫的低沉急促的声音。有外人入侵自己的领地时，它们往往会发出这样的叫声。感觉好像在说"喂，小子，这是老子的地盘"。

43

猫咪叫代表什么心情呢?

"在这样的时候肯定会这么叫,但到底是什么意思呢?"我来回答一下这个问题。可能会跟你想的完全不一样!

知道啦!

Q 对猫说话时它们会叫着予以回应?

有些猫一被叫到名字就会叫着回应你。主人对猫讲话,猫也会"喵喵"着回应你。但是它却不知道你讲了什么的。你对它讲政治经济的话题时估计它也是会喵几声的。不知道把这种现象叫做"随声附和"是好还是不好。虽说有些微妙,但猫既然能回应主人的呼唤,说明它是将主人当成母亲一般来喜爱的。即使它不能理解你说话的内容,可单单回应你这件事不也足够令你开心不已吗?

它们虽然会搭理你,但谁又晓得你到底都讲了什么呀!

所以呢~
那时候啊~
喵 喵 喵 喵

很多人喜欢和猫分享发生的开心事、悲伤事。能静静听主人讲话的猫可真是无可替代的聊天对象呀。

Q 当主人外出或是回到家时会叫个不停?

回到家时猫会对你"喵喵"叫,你会觉得它们是在欢迎你回来对吧? 实际上这是小猫想让母猫知道自己"就在这儿"的心情。一看到主人的脸,立马就进入到幼猫模式,告诉主人"我在这里哟~",或是"我肚子饿了哟~"之类的意思(笑)。好像和"欢迎回来"还是有些许差别的。而且,主人出门的时候会觉得猫叫就好像是在说"我不想让你走"而感到困扰,但其实不用担心。猫在你出门的刹那就会将你完全抛诸脑后,它们会睡个午觉或是玩一下午。所以,请不要有所顾虑,放心出门吧!

和『欢迎回来』的意思还是有些许差别的!

喵 喵 喵

Q 我一打喷嚏猫就会叫？！

家是能让猫安心的安全场所，是能让猫完全袒露肚皮在零戒备状态下入睡的地方。但若是突然响起"阿嚏！"这般大的声音，猫当然是会受到惊吓的。这时的叫声像是在问"发生了什么事！？"看到朝着自己叫的猫，想必很多主人都会为此自责吧。而且，由于和平常撒娇的叫声不同，很多主人也会比较放在心上。

猫原本就不会张大嘴巴打喷嚏，所以它们估计也没办法理解那喷嚏竟然是人类的喷嚏吧。它们可能会觉得"主人突然发出了一个很大的声音！"又或者它们会将人类爆破音般的喷嚏当成是狗的"旺！"会认为"尽管没看到狗的身影，但一定就在哪里吧！？"为了警告作为天敌的狗，它们会发声示威。

因为猫警戒心比较强，所以对于平常不怎么听到的声音会非常敏感。为了不惊吓到它们，我们还是尽可能注意一下吧。

听到平常不怎么听到的大分贝声音会受到惊吓，出于警戒而叫出声来

Q 家人吵架时，猫会叫着过来阻止？

非常遗憾，猫并不会因为担心主人而过来劝架。由于一贯和平的家变得闹哄哄，气氛突然变得紧张起来，出于不安猫才会叫。对猫来说，能让它们安心的是和往常一样氛围的家。但是，要是它们一叫争吵就停止的话，它们就会认为"只要叫一下一切就会回归正常"，之后说不定你们一吵架它们就会叫呢。

可怕的家庭氛围对猫来说是不小的压力

大声吵嚷、扔盘子之类的大骚动对听觉敏锐的猫来说是非常刺耳的。它们会抱怨着"很吵啊~"而叫出声来。就算为了猫，吵架要适可而止啊。

猫喜欢的声音
- 柔和的高音
- 微弱的沙沙声
- 钢琴或小提琴那般美妙的声音

猫讨厌的声音
- 喷嚏声
- 吸尘器的声音
- 尖锐的吵闹声
- 大音量和重低音

相较于男性，猫更喜欢和女性亲近的原因之一就在于女性的声音比较柔和，听起来更舒服。也就是说用略高的"娇声娇气的声音"对猫讲话是比较合适的。

叫声篇

Q 我们家的猫会说"我要吃饭"！

吃饭

会讲人话的猫！？真相是它们在和主人互换信息

像是在叫"肚子饿啦""早啊"什么的，听上去会讲人话的猫还真不少。这些都能被认为是在和主人交流。

家猫在主人给予回应时会叫得更加起劲。偶尔也会发出听上去像是"肚子饿啦"的叫声，这个时候主人往往会感动惊喜而加以称赞。要是这个时候真的给他们饭的话，猫就会记住这个叫声的感觉，因为他们知道这样就会有好事发生。所以理所当然会多叫两下。

遗憾的是，猫并不是在理解了你的真正意图后才发出这种声音的，这也算是交流方式的一种吧。只要主人开心，这种开心的氛围也会感染到猫。它会乐意当一只"会讲人话的猫"。但千万小心，别让它吃多了啊！

（右）据主人透露，他们家猫讲的最多的话就是"我要吃饭~"。猫咪撒娇时的叫声听起来就像在说"我饿了"。

（下）在视频网站引起热议的会讲话的猫Yukke，会讲"人家不明白嘛~""快跑~""讨厌~""好冷啊~""不对~""快打开~"。

不明白了

Q 我们家的猫几乎不叫，是不是有点怪？

如果猫经常叫，说明他们还比较孩子气。若是不怎么叫，说明它们在思想上已经成熟了。只能说这是猫咪的个性，不是怪。比方说和主人玩耍时有些猫叫着撒娇，有些猫只是安静地看着，有些猫会叼着玩具过来，各种表现都有。对于不怎么叫的猫，那就要特别从它们的尾巴、脸上的表情这些叫声以外的方面去了解它们的心情了。

……

Q 只要我家小宝宝一哭，猫就会叫着过来通知我

可能只是想让孩子别再吵了吧？

人类婴儿的哭声和猫的叫声还是比较相似的。因此，要是宝宝一直哭的话，猫还是会非常在意的。但是它们并不是因为担心宝宝才来通知主人的，大概是以前看到过主人哄宝宝的情景，知道只要主人一哄宝宝就不哭了。它们是来告诉主人"很吵啊，快让他停下来！"

上厕所时叫，说不定是生病了

不是在上厕所前后，而是在排泄的时候叫，很可能是生病了。正是因为生了膀胱炎、尿石症之类泌尿系统疾病或是有很严重的便秘，所以才会在排泄时觉得痛。让我们确认一下猫咪是不是都有好好大小便，排泄量、颜色、味道等和平时有没有不一样。若是一天都不小便，很可能就性命攸关喽。出现这种情况就不要再乐观处之了，千万要带它去医院啊。

Q 一睡着就嘟囔，莫非它是在说梦话？

一天中成年猫要睡14个小时以上，而幼猫要睡足至少20个小时。怎么摇晃它都不会醒来的熟睡状态只占了3个小时左右，其他时间都处在身体睡脑醒的半睡眠状态。因为脑醒着，所以才会做梦。说梦话大概就是那时候的事儿。时而发出"呜~呜~"的声音，时而大声叫着"呜嚷呜嚷"，时而又动动嘴"咕哝咕哝"。是不是也会做打架的梦、享用美味的梦呢？看到它们身体微微抽动，做着追赶某物的动作时，真的好想知道猫到底都在做些什么样的梦啊。

恐怕就是这么回事儿。不过在梦里它们也叫吗？

有很多猫在睡觉时都会做梦哦。但它们究竟都做什么样的梦呢？光想想都觉得好玩呢。

Q 打电话时它会叫着出来妨碍你

猫当然不明白电话为何物啦。主人打电话的样子在猫看来像"自言自语"一样，是一个不可思议的状况。若是打电话时又是笑又是大声说话，那对猫来说就更没办法理解了。大概也有猫会觉得"莫非主人是在对自己说话？"而叫着回应吧。然而，就算它叫了，主人还是没有任何反应的话，反倒会喋喋不休地叫个不停。因为对它们来说这根本就是莫名其妙的事嘛，又有什么办法呢。就算是它们搞错了，也请不要骂它们"好吵啊"。

那是因为它不知道你在打电话

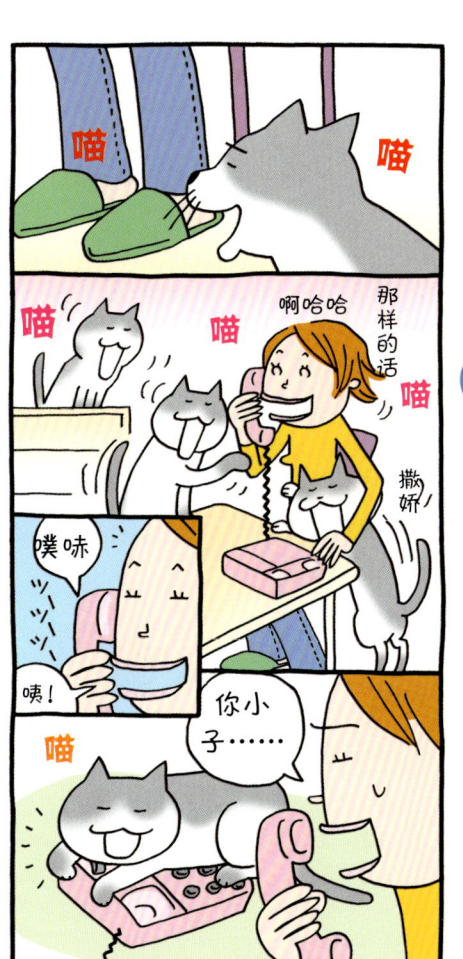

叫声篇

动作 篇

【揉呀揉】

前肢在毛毯、被子等柔软的东西上揉来揉去的动作。也可叫做『抓啊抓』。

揉搓　揉搓　揉搓　揉搓

基本含义

情形：可能是想起了小时候喝奶的

幼猫在喝奶时，总会边用双爪揉搓妈咪的乳房边享用母乳。虽说是无心之举，但却能使母乳更顺畅地流出来。这份儿时的记忆一直残存着，直至成年。这个习惯性的动作竟也延续了下来。每当被酥软又令它身心愉悦的东西包围时，就会有喝母乳的感觉，令许多猫咪无比安心，昏昏欲睡。沉浸在幸福的情绪中，被满足感包围，仿佛回到了婴儿时期。

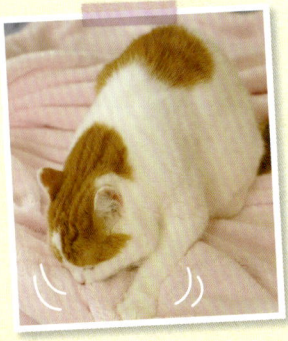

【吸呀吸】

将柔软的东西衔在嘴中吸吮的动作。可以是人的手指、毛毯之类的东西。

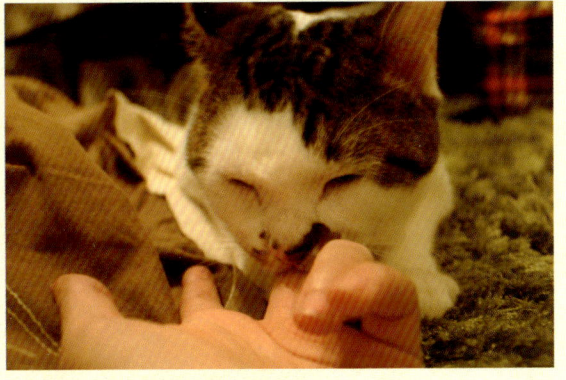

过早离开父母的猫容易耍小孩脾气

不论是"揉呀揉"还是"吸呀吸"都是孩子气的表现。在自己还很小的时候就离开了母亲，甚至不曾好好道别的猫就经常这样。让我们代替猫妈妈给予它们充分的关爱吧。

＊请一定要将毛衣之类的衣物收好。因为猫咪们极有可能将这类物品咬碎后吞下去，导致肠胃堵塞等严重后果。

基本含义

同上页"揉呀揉"一样，每当回想起喝母乳的那段时光，猫咪们便会不由得做起这样的动作来，就像人类宝宝在吸吮奶嘴后就能美美地睡上一觉一样。所以，即便已是成年猫，它们在吃饱后昏昏欲睡之际，也总是会动动手动动嘴，像极了喝奶时的萌样。

还真是喝奶的动作呀

揉呀揉・吸呀吸写真馆

揉揉靠垫
这只猫正专注地揉搓着又大又软的靠垫，我们还是不要打扰它，安安静静看着就好。有些猫也会直接去摸主人的肚子。

好舒服……

摸摸小伙伴的身体
对小伙伴的后背摸来摸去。好像很苦恼的样子，实际上应该是很幸福的吧！

舔舔主人的耳垂
它们好像是将主人的耳垂也看成乳房了。当然触感上的确很像。一个劲儿地攀爬到主人身上去。

舔舔狗狗的乳房
对室友狗狗的乳房又是吸又是吮的猫，以及老老实实待在那儿任由其胡作为为的狗！我好像感受到了它们之间深深的羁绊。实际上，即使没有乳汁，光是这么吸着就已经很满足了。

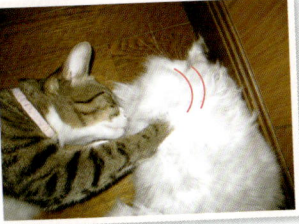

对小伙伴动手动脚
这只小家伙也在摸小伙伴的身体。甚至都将脸的一半埋进了对方身体里，看上去真像是在喝奶啊。

动作篇

【露肚躺倒】

横躺下来让人看到肚皮的动作，是猫不设防的状态。不由得心都融化了。这可是猫的高人气动作之一哟。

基本含义

对主人信赖、放心的意思

对猫来说，柔软的肚皮一旦遭受攻击就会毫无招架之力。因此，若不是令自己放心的人，它们是不会轻易向对方展示自己肚皮的。若是将肚皮展示给对方看，就是说它们对你很放心。基本上就是这样的意思啦。当然也会因情况而异，让我们接着往下看吧。

突然给主人看自己的肚子

假如猫主动靠近主人，并在其面前横躺下来，那就是"我们来玩儿吧！"的意思。即便是在同伴的面前，要表达同样意思也是用这个肢体语言。当猫在做这个动作时，想必同伴们会开始和它追逐嬉戏吧。若它对你做了这个动作，就请陪它玩会儿吧。

抚摸它们时突然露出肚子

当你在抚摸它们的背部或头的时候，会给你看它们的肚子。好像在说"你是不是也想摸摸我的肚子呢？好啦好啦"，很乐意的样子，但实际上是拒绝你的意思，相当于"够了，你给我适可而止啊"。那么就不要再摸它了，放过它吧。

躺在主人正在看的报纸或书上

当主人在看报纸杂志时，猫会过来躺在上面。这绝不是要妨碍你的意思。只是它们看着一动不动的你就会想"怎么了喂？你是不是不理我了呀。喂喂，我就在这里哟。"

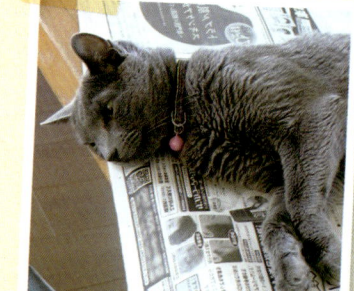

【扭扭歪歪】

不单单是横躺下来将肚皮给你看这么简单,还会扭动着身子,左右来回滚动。通常会闭着眼睛。

（上）上半身和下半身成90度！？这动作人类是绝对做不到的。
（右）扭来扭去有失体统的姿态。

独自玩耍

猫在既安心又温暖的舒适环境中会随意躺下,抱着一种享受其中的心情,又是扭转身子,又是滚来滚去。要是有关系好的小伙伴就两只一起玩儿,要是只有一只的话就自个儿在那儿扭来扭去。心情好到眼睛都眯起来了,简直是销魂的状态啊！野猫有时候会在有阳光的地方独自玩耍。

对木天蓼什么的会有反应

猫咪在舔舔或是闻闻木天蓼时会在地板上滚来滚去。何止呀,它们还会流口水,异常兴奋,仿佛变成了醉汉一般。这是因为木天蓼中含有木天蓼内酯,这种成分会刺激猫的大脑中枢,使其轻微麻痹。猕猴桃也是木天蓼科植物,所以同样能使猫产生醉酒反应。猫薄荷和牙膏中也含有类似作用的成分。

只有三成左右的猫会对木天蓼有反应

日本有一个谚语叫做"给猫木天蓼",意思是投其所好。所以大家都认为木天蓼是猫非常喜爱的东西。但据说对木天蓼有反应的猫仅占三成,另外七成左右的猫并没有太过明显的反应。所以就算你的爱猫对木天蓼兴趣很淡也不用担心。

发情了

猫一年会有好几次发情期。当没有做过绝育手术的母猫开始在地板上扭来扭去时很有可能是在发情。它在释放外激素（费洛蒙）来诱惑公猫。据说母猫的外激素即使是在室内也能通过窗户缝隙乘风飘到500米之外的地方。要是你希望母猫生育,那没什么问题,但要是你没这个想法,那最好还是给它做手术吧。同时还能预防生殖系统方面的疾病哟。

挠挠后背

有时候它们只是单纯地将背在地上蹭,以此来挠挠痒的地方。当它们这么做的时候,你去挠挠后背的话它们应该会露出心满意足的表情。顺便为它们梳理一下毛发吧。需要注意的是,它们感到痒多半是因为有跳蚤寄生。所以以防万一,最好将毛拨开后确认一下。跳蚤一般都会藏在尾巴根部。

野猫会在沙土上打滚来使自己的身体变得干净清爽。

蹭啊蹭

用脸或是身体蹭人类的脚跟或家具的动作。被蹭的人类也会心醉神迷的。

亲昵的小伙伴之间互蹭,这种混合过的味道能让它们觉得安心。

在主人的脚边蹭来蹭去。

基本含义

通过用身体蹭的方式将味道附着上去

猫用身体蹭某物实际上是为了将从臭腺(分泌腺)中散发出来的味道附着到被蹭的物体上去。猫在自己的势力范围内到处散播自己的味道就是为了表示"这是我的地盘",对人也同样有效。在主人脚边蹭来蹭去,与其说在表达"主人我好喜欢你啊",不如说是"主人也是我的"的意思吧!当然,它对不信赖的人是不会做这种动作的,所以你就偷着乐吧。

回到家时它会过来蹭蹭你

当主人回到家时,它可能会很热情地过来蹭蹭。主要是因为主人在外头沾了不少别的味道回来,它想重新覆盖上自己的味道。好像是在对你说"欢迎回家",实则意思是"好怪的味道,必须立马消除掉!"

最强的标记行为当属"喷射尿液"

在自己的地盘附着上自己的味道叫做"标记"。要说最强的标记方式,当属"喷射尿液"了。指四肢站稳后朝墙壁等地方将比一般味道还要浓厚得多的尿液喷上去的动作。是猫在发情期或是感到不安时的行为。尿液的味道是很难消除的,所以千万要小心!

【嗅啊嗅】

用鼻子闻味道的动作。猫的鼻头潮湿，能够很好地收集各种味道。

基本含义

猫嗅觉的敏锐度是人类的20万倍以上。因此，比起视觉，猫更擅长通过嗅觉来认知事物。当初次来到一个地方或是初次见到某个人的时候，好好闻过一遍后"哦哦，这家伙原来是这样的味道啊"，从而记住了这个人。相反地，就算是同一个人或同一个地方，味道改变后猫便认不出来了，会心生戒备。

> 相较于视觉，猫更擅长用嗅觉来认知事物

猫之间用碰鼻子来闻对方的味道

猫咪会凑近鼻子互闻彼此的味道。本来是想闻对方嘴巴的味道，但由于鼻子比较突出，才变成了碰鼻子。闻嘴巴的味道像是在说"啊，你吃了什么好吃的？"以此来收集对方的信息。

猫咪碰鼻子是父母兄弟等关系亲昵的猫之间打招呼时的动作。

闻小屁屁的味道

屁股上有肛门和生殖器官，是味道比较强的部位。为了清楚地知道对方的性别，它们会在初次见面时去闻彼此的屁股。

闻指尖的味道

猫咪之所以会闻你伸出的手指，是因为手指像突出来的猫鼻子。出于本能想要闻一下。就算是钢笔头，它们也会同样凑过来。

动作篇

【舔啊舔】

用舌头舔的动作。用舌头理理毛发，或是舔取食物是猫的本能动作之一。小猫在生下来两周左右就会自己梳理毛发了。

基本含义

舔自己的身体时会非常平静。

猫梳理毛发不仅仅是为了将身体弄干净，而且是一种能让自己在精神上变得无比平静的非常重要的行为。幼猫在被母猫舔舐时能十分平静，同伴之间互舔是相亲相爱的证明，所以舔毛是非常重要的交流方式。有人说，它们被人类抚摸时就像在被大舌头舔舐身体一般。当然啦，在猫的世界里被自己的同伴用手抚摸是几乎不会发生的哦。

一般来说，猫醒着30%~50%的时间都在梳理自己的毛发，对猫咪们来说，舔毛是本能的行为。

别忘了帮爱猫梳毛

猫会定期长出新的毛发来。虽说猫咪们会自己梳理毛发、处理脱落的毛，但是将梳毛工作交给猫咪们这件事本身就是个问题。猫用舌头舔舐毛发的的时候会将其吃进肚子里，这样就会导致毛发在胃中积攒，越积越多，最终成块，而生一种叫"毛球症"的病。一旦生了此病就会对肠胃造成影响，严重的情况下有可能还要做手术。因此，我们要定期给它们梳梳毛，以此来减少猫咪们的毛毛摄入量。而且将猫咪们伺候舒服了，也能让你们之间的感情增进不少，是人猫沟通的重要法门。梳理方法请参考第111页。

为你舔去泪水

当你哭泣的时候，仿佛想要安慰你一般，猫咪们有时会过来舔去你脸颊上的泪水。但遗憾的是猫咪们其实并不能理解人类那复杂的心情。只是无意中看到了主人不同往常的表现，而过来一探究竟，心想"发生什么事了呢？"看到主人脸颊上有水流下来，就想尝尝……

在某件事上失败后会舔舔自己的身体

比方说，想要跳上某个高处却不幸失足的时候，仿佛是要混淆主人的视线一般一个劲儿地舔起自己的毛来，这种现象你有见过吗？但即便是看上去像是企图掩盖自己失败的事实，猫其实根本不在乎人类的眼光。就像上页说过的，舔毛有安定心神的功效。为了安抚自己因失败而慌乱的内心，自然舔起了毛来。在这种情况下，舔毛时间十分短暂，很快便会结束。

猫会去舔舐被人抚摸过的地方

人抚摸过猫之后，它们有时候会去舔被抚摸过的地方。并不是在说"啊~讨厌，别再碰我了呀！"而是在整理被弄乱的毛发，使自己的身体重新回到最佳状态。兴许是猫咪的洁癖又犯了，它们对自己仪容非常在意，绝不偷懒。

咬了人之后舔舔

本身就具备猎手气质的猫，在玩得起劲儿时一不小心就会咬到主人，而且是一大口！之后它会挪开咬住主人的嘴巴转而去舔舔咬过的部位。你可能会觉得它"在反省"，但实际上一旦进入狩猎模式，猫是不会轻易回到正常模式的。之所以舔你，是想要尝尝猎物的味道而已。若是放任不管由着它继续下去的话，很可能会再咬你一口！所以要从平时起就让它养成不把手当逗猫棒玩耍的习惯。

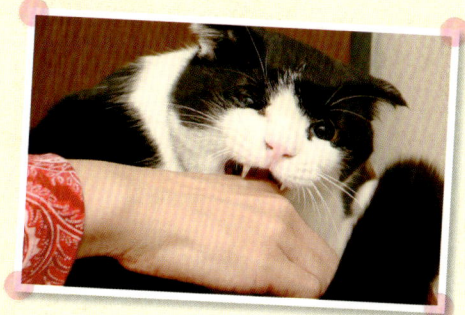

动作篇

"猫洗脸就会下雨"？

你应该听过"猫洗脸就会下雨"这个说法吧。到底是真是假呢？据说是这样的，当空中湿气增多时，猫的胡须就会被压弯而失去张力，为了保持胡须的正常机能，猫才会热衷于洗脸。也就是，"湿气增多"→"胡子失去张力"→"猫洗脸"→"下雨"这样的逻辑。但是不单单是湿气增多的时候，猫在平时也会经常洗脸，比方说就餐后。因此不能说"洗脸"就等于"一定下雨"。

刨啊刨

用前爪刨猫砂的动作。猫排泄后本能地就会做这样的动作。

基本含义

为了消除自己的味道而盖上猫砂

在自己的地盘内排泄时，容易被别的动物通过粪便和尿液的气味知道自己的所在地，这对猫来说是十分不利的。为此，它们会用前爪将排泄物用砂土盖住，这其实是它们本能的行为。但没什么戒备心的现代猫基本上已经丧失了这项本能。在同时饲养多只猫的情况下，弱势的猫还是会孜孜不倦地用猫砂去掩盖自己的排泄物，而强势的那只因为无所畏惧基本不会采取任何措施。

上完厕所后在没有猫砂的地方刨来刨去

这个所谓的本能严格意义上说并不是指刨猫砂的行为，而是指刨猫砂的动作。从久远的野生时代到现代，本来只是为了"隐藏排泄物"而已，现在却在不知不觉间演变成了刨猫砂，实际上很多情况下和刨猫砂并没有直接联系。在厕所旁边的墙壁上或是在厕所外的地板上刨呀刨的，这些对人类来说毫无意义的事情，它们可都是很认真地做呀。

在猫粮周围刨来刨去

猫有时候不吃猫粮，却会在猫粮周围刨来刨去。这其实并不是在说"我讨厌吃这样的东西"，而是想说"我现在还不想吃，先埋起来吧，要吃的时候再来拿"。而且有时候就算不是真的埋，光是埋东西的动作就能让它们无比满足。

在不熟悉的东西周围刨来刨去

对于不常见的东西，猫有时候也会在它们的周围做刨猫砂的动作。特别是像咖啡、茶这些味道比较浓郁的东西。对嗅觉灵敏的猫来说，它们可能会觉得"这什么东西，这么难闻，埋了吧"。总之，它们会对不入眼的东西以及味道难闻的东西做刨猫砂的动作。

桌上放的茶太难闻了，正在做刨猫砂的动作。

【磨呀磨】

基本含义

为了向其他猫展示自己，也有做标记之意。

磨爪子的动作。但其实并不是磨，而是将表面老旧的那层皮给剥掉。要是它们在墙壁、家具上磨的话就不得了了，锋利的爪子会刮伤墙壁家具的。

在野生环境中，它们会在树干之类的地方磨爪子。那个时候，猫会尽量伸直身子在高处留下磨爪的痕迹。这是为了让之后看到此印记的猫产生"这家伙身形好魁梧好厉害"的错觉。因其脚掌上有臭腺，所以也有通过磨爪子来达到留下味道标记领地的意思。

后爪的指甲通过嘴咬来修整

我们见过猫咪通过磨爪来修整前爪上的指甲，但却没见过它们磨后爪上的指甲。对于后爪，它们是像照片中展示的那样用牙齿来咬掉那层旧皮的。

【挠啊挠】

基本含义

舌头舔不到的地方就用爪来代劳

用后爪挠挠耳朵或下巴的动作。因为猫身体柔软，所以在这个姿势中腿也能当手来用。

猫咪们会用自己的前爪或后爪来代替舌头去梳理舌头舔不到的脖子以上部位的毛发。为了不使娇嫩的脸受到伤害，它们会非常仔细地用前爪清洗脸部，而用后爪去挠下巴下方，或在耳朵痒时去挠耳朵。但似乎一些细微的部位即使是用到了后爪也很难梳理，所以当人帮忙挠下巴和耳朵时，它们就会露出一副非常满足的表情。猫同伴间也会互相帮忙舔自己难以舔到的部位。

挠下巴时，它们的后腿会动哦

当人挠它们的下巴或是耳朵时，猫咪们会轻轻地抖动它们的后腿。在猫的世界里，"耳朵或下巴受到刺激时觉得非常舒服"相当于"自己正在用后爪挠"。可能是由于一开始就记住了这样的关系，所以像条件反射一般不由自主地动了起来。也有些猫会在人抚摸它们身体时去舔舔地板，兴许它们原来就打算自己去舔呢。

【咬啊咬】

基本含义

捕捉猎物时的攻击手段，是一种本能行为

猫在逮到猎物时会咬住猎物的脖颈，用锋利的牙齿咬住对方要害，给出致命一击。对原本是猎手的猫来说它们"想咬住某物"的本能是无法回避的。因此，对于那些有咬人癖好的猫，我们不是要令它戒掉咬人的行为，而是要让它们咬的对象能从人转换到玩具上去。在它们玩儿的时候也千万不要用手脚而是玩具去逗弄它们，让它们尽情地去咬玩具，尽情释放精力。另外，它们也会在攻击以外的情况下做这个动作，比方说，偶尔会非常温柔地轻咬一下它们觉得亲密的人，或是当人给它们梳毛时会轻轻地咬一下人的皮肤，这些都不算是攻击行为。

啊呜

公猫突然咬人

用嘴巴咬的动作。一旦猫用它那锋利的牙齿（犬齿）狠狠地咬住对方，这杀伤力可是巨大的。

公猫在和母猫交配时会咬母猫的脖颈。如果公猫突然咬向你的话，很有可能是把你误当成了它的恋人。那时咬的威力不会像咬住猎物那般强劲。顺便说一下，好像是外激素的原因，公猫在很多时候会被女性所吸引。另外，单单是为了表示"我想玩儿"之类的心情而咬过来的情况也是有的。这个时候母猫也不例外。

【猫拳】

基本含义

猫拳是打架时的初期攻击手段

用前肢拍打的动作。也就是所谓的「猫拳」。以一种极快的速度出击，有时能够连续出招数次。

猫拳是与敌人打架时的攻击手段之一。"咬"和"踢"这两项技能在不是紧贴着敌人的情况下是使不出来的，而猫拳就能在和敌人稍微有点距离时仍然有效。因此也是打架时的最初手段。小猫在出生后的1~2个月左右就开始在玩儿的时候出拳了。把玩具当成猎物，或是小心观察陌生事物时，它们都会用前肢去拍目标物体。

在不怎么有戒心的时候，它们会轻柔地戳戳目标物体来观察情况。

【踢呀踢】

用后腿踢的动作。俗称"猫踢"。它们虽然身躯娇小，但"猫踢"却是一种颇具威力的攻击手段。

基本含义：猫咪打架时最强的攻击手段

 玩得可起劲儿啦

 小腿踢来踢去

 这个小家伙也是 我踢！

猫踢是猫咪攻击手段中最具力量的一招。从猫跳跃的力道就可以看出它们后腿的力量非常之强。当猫踢连续使出时会将对手牢牢压制住。身躯贴着地面，一边用前爪将对手抱住一边踢出爆炸式的一击。在玩玩具时一兴奋就会觉得自己是在打架，而对玩具也来上一脚。

【微微颤动】

在睡觉时，身体会轻微晃动。

基本含义：健康的睡眠状态。有些猫还会说梦话

```
     轻度睡眠
入睡 ┌──30~60分钟──┐ 清醒
     深度睡眠 6~7分
```

猫的睡眠几乎都是脑醒的轻度睡眠。因为在野生环境中不知道什么时候会遭受攻击，所以长时间熟睡是十分危险的。

人类在睡觉时，会有轻度睡眠（身体睡着大脑醒着的状态）和深度睡眠（身体和大脑都出于熟睡状态）两种状态，这两种状态反复交替着，在轻度睡眠时会做梦，这时还会讲讲梦话，动动身子。同样地，猫也是轻度睡眠和深度睡眠交替进行的，有时候也会在轻度睡眠时轻微晃动身体。其中有的猫也会说梦话。难道是做了追赶猎物的梦吗？

看到睡觉中的猫轻微抖动胡须、脚、尾巴时，很多主人会担心爱猫是不是痉挛或者生病了。在轻度睡眠中，猫的眼球是骨碌骨碌在动的，处在半睡半醒状态的猫其实非常清楚自己在干些什么。

【摇尾巴】

摇摆尾巴的动作。猫在瞄准猎物、扑向猎物之前会做这个动作。有时候也会对玩具或是人类做这样的动作。

基本含义

为使对手一招毙命而调整攻击的位置

猫在狩猎时，为了不让对方发现自己会放低身体重心慢慢靠近，锁定目标后一鼓作气扑过去。在此之前，为了调整跳跃的方向、抓住进攻的时机会紧张地轮番抖动后腿，所以看上去像是在摇摆尾巴。顺带一提，在野生环境中，它们能够隐藏在草丛中慢慢接近对手；而生活在家里或大街上的现代猫，就算再怎么降低身体重心，它的身影也会展露无遗。即使不能达到本来的目的，但"降低身体重心"这样的行为却作为习性被保留了下来。

喵生已是如此艰难……

猫狩猎的方法

悄悄靠近猎物

最大限度地靠近猎物锁定目标。在扑向猎物之前抖动尾巴！

朝猎物跳过去！此时，后腿不离开地面。

用前肢捕获猎物。可惜这个时候让它跑了。

【盯着看】

凝视着窗外的动作。猫在对什么事物饶有兴趣时瞳孔会变大，透过瞳孔也能一定程度读懂猫的心情。

一动不动地盯着窗外

猫要是一动不动地凝视窗外，主人可能就会认为它是想去外面了。但是，对一次也没有出去过的猫来说，外面不是自己的地盘。对于不是自己地盘的地方，它们是不会想要去的。之所以盯着窗外看，其实只是在看行人和空中飞的鸟来打发时间而已。但只要出去过一次，它们就会认为外面也是自己的地盘，会为了巡视领地而伺机逃脱。

以一种认真的眼神看着窗外的猫。仔细看会发现它的右前腿正压着窗帘呢！这可是高级动物才会有的动作啊。它怎么学会的？难道就这么中意外面的世界吗？

想和主人四目相对

猫只会和亲近的人对视。因为对猫来说，和不认识的人四目相对就意味着要打架，所以它们一般不这么干。一直盯着主人看，希望主人也看向自己，这是猫和主人亲近的表现。这样做的时候，猫的瞳孔会忽大忽小。想吃饭的时候它们也会这样死乞白赖地看着你。

盯着什么也没有的地方看

猫有时候会一直盯着某个方向看。当人朝那个方向望去的时候可能什么都看不到。难道是有幽灵么？多恐怖啊！但其实不需要担心。它们不是在看着什么而是在"听"。猫能够听到人类听不到的超声波。听到自己在意的声音时就会将耳朵朝向那边，所以人类会以为它们是在凝视什么东西。

盯着电视或电脑看

之所以盯着电视、电脑看，是因为对画面中动的东西产生了兴趣。猫咪尤其热衷动物或是体育类节目。也有些猫会用前肢去抓电视中在动的动物或是电脑中的光标。但无论猫怎样努力依旧还是不能抓住画面中的东西。在重复多次之后，猫也会意识到"好像有些蹊跷"，甚至会依稀知道这其实只是"虚像"，从而失去兴趣。

（上）正在欣赏跳台滑雪的猫。
（右）对电视中的小鸟不禁出手的猫。似乎是狩猎本能被启动了。

凝视

动作篇

生病・受伤的动作

要注意！

【不断摇头】
感觉耳朵有异样时，猫会摇摇头或是用爪子去挠耳朵。这时很可能是耳朵里进了虫子、异物或是耳朵里有虱子寄生，或是生了外耳炎。是有必要去医院治疗的。极少情况下也会因为患脑部疾病而做摇头动作。

【呼哧呼哧】
猫一般不用嘴巴呼吸。如果它张开嘴巴呼吸，就说明是有问题了。恐怕是由于感冒而鼻塞，或是因为肺炎、心脏疾病、中毒等原因导致了呼吸困难。如果呼吸时发出呼呼声，情况就已经非常严重了。需要马上送医院。

【屁股贴地前行】
当猫在地板上边摩擦屁股边前进的时候，有可能是因为肛门一侧的肛门腺上分泌物堆积，又或者是体内的寄生虫从肛门里跑出来而非常不舒服。也有可能是腹泻等消化器官疾病的缘故。

【暴饮暴食】
当它们体内的激素平衡被打破时，会展现出一种异于寻常的食欲。特别是当它们吃了很多却还是很瘦的时候，就很有可能患了老年猫容易得的"甲状腺机能亢进症"。也有可能是由于寄生虫、糖尿病等原因而导致食欲增加。我们平日就该检查猫咪的食量哦。

当猫的举止和平常不太一样时，有可能是生病了或是受伤了。请带它们去医院看看吧。

【不停眨眼】
猫不停眨巴眼睛是眼睛不舒服的表现。有可能是眼睛里进了异物，或是患上了结膜炎之类的疾病。要是放任不管，它们就会用前肢去揉搓眼睛从而导致病情恶化，所以要套上伊丽莎白项圈（Elizabethan collar），然后请带它们去医院吧。

【流鼻涕】
猫会因为感冒之类的传染疾病而流鼻涕。感冒还好，要是得了不可能治愈的猫艾滋或猫白血病，导致免疫力急剧下降，从而感染上各种疾病就糟了。一旦鼻塞食欲就会降低，体力也会下降，不要乐观地觉得不过是鼻涕罢了，还是要好好去医院检查一下的。

【不停地挠自己】
即使是一般的梳毛，猫也要用上它的四肢来挠自己的身体。当猫梳毛的频率变高时，就有可能是跳蚤或虱子导致它发痒。挠得厉害时会损伤皮肤或直接导致脱毛。再者跳蚤虱子也会转移到人类身上去，所以还是有必要好好驱除的。当然也有可能是因为特应性皮炎的关系。

【咕嘟咕嘟】
要是猫喝水比平常多很多，有可能是得了慢性肾衰竭。因为肾脏机能下降，体内毒素沉积，为了中和毒素，它们就会喝好多好多水。这种情况下小便量也会增多。特别是老年猫，喝水量增多的时候千万要注意。此外，也有可能是得了糖尿病或是子宫蓄脓症。

我在跳舞！

不同场合下的怪异举动

猫的怪异举动还有很多。先来了解一下大家比较在意的疑问吧！

Q 为何深夜突然闹腾？

突然性情大变一般，又是跑来跑去，又是目光炯炯地扒窗帘……这些都是猫野性本能的表现。猫原本就是夜行性动物，过的是白天睡觉天黑后出来狩猎的生活。而现代猫仍旧保留了这个习性。家猫当然不需要再捕捉猎物啦，也正因为如此才精力过剩了。这是自然法则。主人有空的话可以用玩具逗它们玩，这样会让猫的情绪更加高涨哦。不能睡那么晚，或是怕给邻居们造成困扰的话，可以在早些时候和猫玩玩，好让它们消耗掉过剩的精力。

因为是野生开关自动开启的时间段

Q 野猫晚上集会都做些什么呢？

你见过在夜晚的公园或是神社，一群野猫聚集到一起的场景吧？什么话也不说，就那么一动不动地伫立着，就好像是在用传心术交谈一般，透着一股怪异的气氛。这不寻常的猫聚会到底是出于什么原因，各种说法都有。其中比较有说服力的是说，一只猫在创建自己的生活领域时不小心和附近的猫发生了领地上的冲突，这些共有领地的成员就会聚集起来"露个脸"。也有说是为了防御外来入侵而加强地区内合作，或是发情期接近了导致聚会时间变长了。颇有意思呐。

在同一区域的猫会出来露个脸

Q 能够预知家人的归来？

你们有没有过这样的经历？当你在家的时候，猫一朝玄关看，不一会儿就有人回来了。又或者自己回家的时候，猫肯定是在玄关等着。是不是觉得不可思议，为什么它们能知道那个时候你会回来呢？

这个令人匪夷所思的行为的秘密就在于猫敏锐的听力。猫能够发觉人类所不能听到的脚步声而察知家人的归来。因为人类什么也听不到，所以看上去才会像是它们会"预知未来"一般。而且，猫能够很好地区分陌生人的脚步声和家人的脚步声，所以它们才会在陌生人靠近的时候装作什么都不知道，而在家人回来时又能出门迎接。

看上去像能未卜先知一般，但实际上是因为它们听觉敏锐

其他篇

Q 过来给你看捉到的猎物是什么意思?

把你当成了小猫!?

父母猫会给刚断奶的小猫送猎物过去。一开始是完全弄死的猎物,接下来会给半死不活的猎物,以此来教小猫怎么狩猎。之所以将自己捉到的猎物衔过来给你看,可能是因为又进入父母模式的它将你当成了小猫,想给你喂食、教你怎么狩猎。当它们叼着死掉的老鼠、蜥蜴这些它们以为是礼物的东西过来的时候,也是包含了一份作为父母的心意的,要是还骂它们的话那就太可怜了。还是心存感激地接受,之后再悄悄处理掉吧。顺带一提,它们这样带着猎物过来的行为也是它们的母亲教授的。而据说没有受过这样教育的猫只会捕捉猎物,而不会将猎物送过来给你。所以这样将猎物叼来给你的猫,他们的妈妈可能是野猫吧。

Q 为什么喜欢跟着人类上厕所、泡澡?

因为觉得是有探险价值的地方,所以想去看看

好像很多猫会跟主人上厕所或泡澡。有些猫会坐在浴缸旁边一直望着主人直到洗完为止。也有猫会在门外咯吱咯吱抓着门,像是在说"也让我进去嘛!"因为厕所和浴室平时总是关着门的,猫进不去,所以才会想要进去看看。在猫看来,家中还有许多谜一样的不能完全据为领地的地方。有水在流,又有洗发水这样其他房间没有的味道,这些无一不勾动着猫的好奇心。一般来说猫是比较讨厌被水浸湿的,但在好奇心占上风的时候,浸湿也在所不惜。

(上)认真观察着正在上厕所的主人。
(下)龙头里有水出来时马上跑过去。

因为猫并不知道主人生病了,所以它们其实不是在担心主人,而是觉得主人的样子和平常不太一样罢了。平时这个时间不是出门了,就是在忙着做家务什么的,而此刻却一直躺着,所以觉得"奇怪"而已。于是乎才会变得很小心,跑到主人旁边想要安静地看看主人的样子。不知不觉就睡着了,所以看上去就像是陪着你吧。

并不是因为担心才陪你睡的哟……

Q 会陪着生病的我睡觉

Q 受到惊吓为什么垂直往上跳？

你有没有见过被突如其来的声响吓得直直跳起来的猫？这其实是猫的本能，在突然遇到危险时会想着总之先往上跳吧，因为有时候还真能因为这样而躲过一劫。或是能够避开某物，或是能令敌人在看到自己上跳的姿势时受到惊吓而停止攻击。其他动物也会在突然受到惊吓时往上跳，但猫的弹跳力很强，所以才会如此引人注目。此时的跳跃和要跳到某个高处的姿势还是有所不同的。

是猫为了避开危险的本能

Q 抓住脖颈就会变老实？

当母猫想要转移小猫时就会叼起小猫的脖颈。这时候小猫要是闹腾起来而掉下去麻烦就大了。因此猫的本能是"脖颈被抓住时是不能乱动的"。但是，抓着猫的脖颈来运送猫的方式会导致脖颈处承受全身的重量。当猫还小体重轻的时候还好，可当它长大了体重增加后，这种方式反而会给猫带来负担。用这个方法去拎成年猫时，它们会痛苦地乱动也是理所当然的。所以，移动猫时还是将它们整个身体都抱起来吧。

觉得像被母亲衔着而变得乖巧

Q 走着走着为什么会突然扑到你腿上？

猫的视线高度能够很清楚地看到正在走路的人腿。而且人类脚的大小刚好和小猎物的尺寸差不多，所以当那个所谓的"猎物"在它们眼前匆匆晃过时，受狩猎本能的驱使不由得扑过去也是合情合理的。小猫有时候也会和父母、兄弟姐妹的尾巴嬉戏，那是在知道是对方尾巴的基础上将其"当做"了猎物的缘故。和这个原理一样，它们也明白那是主人的腿，但是也将其当成了猎物吧。要是平时多用逗猫棒跟它们玩耍它们就不会老扑到你腿上去了。

匆匆晃过的人腿激发了它们的狩猎本能

其他篇

特别的饮食习惯

Q 对便宜的肉、生鱼片看也不看，只要是贵的就吃

人类最需要的营养元素是碳水化合物，而对猫来说最重要的却是蛋白质。对食肉动物来说这也是理所当然的事。构成蛋白质的是氨基酸，据说猫能够以敏锐的嗅觉分辨出优质的氨基酸。也就是说，它们能分辨作为最重要营养来源的肉和鱼的品质好坏（是否美味）。所以自然就会喜欢价格贵的食物。在野生环境中吃腐烂掉的肉是会致命的，所以猫的嗅觉才会如此发达。但就算猫再怎么想吃，也要注意喂食的方法。有些海鲜河鲜生吃会有害健康，所以在喂食之前一定要好好检查。

因为是很重要的营养来源，所以自然对肉或鱼的好坏十分敏感

Q 为什么总是从食物的左边开始吃？

可能是幼时养成的习惯

猫小时候养成的习惯在长大之后还会一直保留着。就算是人类看来一点意义都没有的习惯也是一样。比方说图中这只猫，在小的时候因为和兄弟姐妹们一起吃饭的时候可能站在左边，于是不可思议的是，它竟然记住了"食物是要从左边开始吃的"，而在之后的日子里也养成了这样的习惯。

Q 将形状酷似老鼠的玩具放到盘子里当饭吃

本来想抓老鼠当饭吃，但实际上吃的却是猫粮，只不过"氛围"很像哦。有些猫是在咕唧咕唧咀嚼过老鼠玩具之后才吃饭的。对于野猫，它们屏气逼近锁定目标、出色抓获猎物后，在兴奋之情未冷却之前吃掉猎物是很有成就感的。如今家猫都有主人喂食，所以比较缺乏这方面的满足感。要不是在玩了一会儿玩具之后，对它说"来吃饭吧"，它们也是提不起劲儿吃饭的。对那样的猫，吃饭之前用逗猫棒让它尽情玩会儿的话就会兴冲冲地去吃饭了。

有种吃抓到猎物的感觉

Q 当主人坐到餐桌前时猫也会一起坐下来

多数猫看到桌上摆着丰盛的食物都会逮着机会偷吃吧。特别是曾经上桌吃过的猫，它们会牢牢记住那次的经历，想着"可能还会吃到吧"从而翘首以盼。但又害怕自己伸手去拿时会被主人骂，就这么一直忍着看着。

也有些猫非猫粮不吃，对人类的食物毫无兴趣，但又因为人类吃饭时不太搭理自己，所以它们会找一个最佳位置来观察主人吃饭。而且，当小猫看到自己的兄弟姐妹在做些什么的时候，也会喵喵着"我也要、我也要"，也想要插上一脚。可能就是因为这样的原因，才会在主人们吃饭时也想要加入进来吧。

是对吃的感兴趣，还是自己想参与到吃饭这件事当中来呢？

摆着一副"理所当然"的表情坐在椅子上的猫。就像是在等着上饭一般。由于很多猫会直接跳到桌子上去，所以仅仅从它坐在椅子上这一点来看，还是懂点礼仪的。

猫也有左撇子和右撇子之分吗？

因为猫并不像人类会使用筷子和笔等道具，所以准确来说并没有"左撇子""右撇子"这样的说法，只能说是哪只爪比较好使吧。据说，从容器中拿取东西的时候，很多母猫会用右爪，而公猫往往更偏向用左爪。听说马也会由于个体的差异跑时先迈哪一只脚会有不同。那你的爱猫在玩玩具、出猫拳或是用前肢做什么的时候先出哪只爪呢，让我们来观察一下吧。

这是一只在拿取食物时喜欢用左爪的猫，而且它是公的。果然公猫都是左撇子吗！？

Q 老是想喝一些奇怪地方的水

有些猫你明明给它们准备了猫用饮用水，它们却还要特意去喝一些别的水……想想都有些不可思议啊。可以从以下几个理由来分析。首先，你应该也注意到了，猫喜欢喝水龙头出来的水其实是对闪烁着光芒的流水产生了兴趣，抱着一种玩儿一样的心情。有很多猫经常喝自动饮水机的水也是同样的道理。想喝花瓶中水的猫，可能是觉得放了点时间后不带漂白粉的水很好喝吧。对这样的猫，你给它凉白开，估计也是很喜欢喝的吧。

猫咪喜欢流动的水和积水

Q 用前肢掬水喝

猫经常会用前肢去戳自己感兴趣的东西。戳戳水会发现一些不太寻常的动静，所以这对猫来说可能是一项颇具趣味的游戏。当然，因为前肢会变湿，所以它会舔掉手上的水。说它在喝水，倒不如说它是在玩儿吧。

比起想喝水其实更想要玩儿吧

喝厕所马桶用水的猫，喝脸盆里的水的猫，喝洗漱台水龙头水的猫。猫喝水的喜好还真是各种各样啊。

其他篇

特别的如厕习惯

Q 刚打扫完猫砂盆就会过来小便

厕所是猫的超私密空间。拾掇干净后，对领地意识极为强烈的猫来说就像是自己的领地遭到了破坏一般使它们变得极为在意。因此会在之后马上小便，就像预先做好标记来说明"这是我的地盘"一样。并不是故意小便而使人不痛快的。虽说是这样，但要是因此而不怎么打扫猫砂盆也是行不通的。它可能会觉得不干净从而到猫砂盆以外的地方排泄，所以请一定要注意。

 猫咪想把这里标记为自己的地盘

Q 如厕前后都要闹腾一番是为何？

很多猫会在如厕前后在家中叭嗒叭嗒到处乱跑。这是它们残留的野性在作祟。在野生时代，猫会在离猫窝有一定距离的地方排泄。在从猫窝出来前往排泄场所的途中可能会碰到敌人，所以还是比较危险的。而且，排泄期间特别容易被袭击。并且就连回家的路也是十分凶险的。因此要是想排泄的话还是需要鼓起极大的勇气的。"好嘞～！我要拉了～！"一这样想，就不由得紧张了起来。然而在安全的家里用猫砂盆排泄是没有任何危险的，所以没办法，只能说这是它们残留的本能在作祟。

 在野生时代，排泄是种危险的行为

Q 为什么有些猫在上完厕所后要用猫砂掩埋，而有些猫却不会？

用猫砂掩埋带有自身味道的排泄物是为了不让别人察觉自己的所在。然而，因为领头猫本来就无所畏惧，所以反倒为了炫耀自己的气味而不会掩埋排泄物，直接将其置于醒目的位置。也就是说不用猫砂掩埋的猫是将自己当成了老大。相反，经常掩埋的猫是觉得有其他的领头猫在附近，而自己只是它们的小弟而已。而家猫一般来说是把主人当成了老大来看待的，掩埋起来也是理所当然。（呃……也就是说不掩埋的猫是把主人当成自己的小弟了吗……）同时饲养很多只猫时，它们会根据自身条件来决定到底要不要用猫砂掩埋排泄物。

跟是否将自己当成领头猫有关

Q 为何上厕所时会睡着？

厕所是一个能强烈感受到自己味道的地方。因此，对于刚来到新家还没来得及融入新环境的小猫，在能感受到浓浓的自身味道的地方还是比较让其安心的。再加上猫砂盆边缘较高，更能让它们有安全感。有些猫在刚换上新猫砂后就会横躺上去，这可能是为了留下自己的味道。也可能是想做沙浴了，猫在野生时代有这样的习惯。

🐾 难道是在有自己味道的地方比较安心吗？

Q 为什么会在猫砂盆以外的地方乱撒尿？

乱撒尿有很多原因。一个是厕所本身有问题。当排泄物堆积又脏又乱，使用起来不舒服，或者它们不再中意猫砂的触感时就不再使用猫砂盆了。也可能是生病了。生病的缘故导致它们变得无法控制排泄行为了。还有可能是心理上的问题。上厕所时听到了很大的声音，或者陌生人在家中等压力大而变得没办法正常上厕所了。不管怎样，还是有必要弄清原因对症下药的。要是认为它们可能生病了，那就带它们去兽医那儿检查一下吧，咨询医生会让人比较放心。

🐾 是猫砂盆有问题吗？还是说猫生病了？

Q 只有在主人的陪伴下才能安心上厕所

猫咪在排泄时希望处在安静的状态。要是谁在它们如厕时弄出很大声响，它们就会对那个人有戒心。主人以外的人在家里待的时间越长，猫就越容易紧张。更别说被陌生人看着上厕所了。

🐾 上厕所时主人以外的人看着时压力很大？

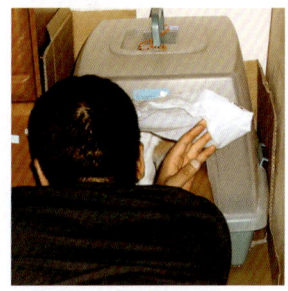

在主人陪伴下安心上厕所的猫。听说其他家庭成员看着它一上完厕所就会猛冲出来逃走。

各种上厕所的姿势

搭一条前腿

上厕所时总是一只前腿搭在猫砂盆边上的姿势。之所以将腿搭在边上是因为讨厌脚上沾猫砂吧。

将前腿和一条后腿叉开搭在猫砂盆边上。看上去有些不稳呀，真的没关系吗？

搭三条腿

搭两条前腿
将两条前腿搭在边上，身子侧在外面。莫非将下半身拉直有助于排泄？也要注意抬尾巴的方式啊。

竟然将四条腿全部搭在了边上来巧妙地获取平衡。真是聪明啊！

搭四条腿

背对如厕

在方便的时候互相看着总归不自在。这家伙正背对着我们方便。仿佛在说"不要看这边！"

其他篇

下落之迷

Q 为什么老要跑到洗衣机里面去呢？

钻到洗衣机里的猫咪！要是猫经常钻进洗衣机里去，那洗衣机里就会积存大量的猫毛。所以在洗衣服之前最好将里面的毛都擦干净，这样就能降低衣物粘毛的几率了。

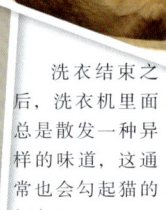

洗衣结束之后，洗衣机里面总是散发一种异样的味道，这通常也会勾起猫的好奇心。

很多猫主人都有这样的经历，要洗衣服时会发现爱猫正待在里面。因为猫在野生时代会将树洞、岩洞这些刚好能钻进去的空间作为自己的窝，所以即使到了现代，它们待在那样大小的空间里也会觉得特别舒心，会让它们回想起树洞、岩洞等地方。而且，洗衣机在转动时，本来静止的东西会突然发出声音来，又是摇又是晃的，这些对猫来说都是不可思议的事情，会令它们非常在意。有些猫会用它们的前肢去碰洗衣机。再者，它们一定是在盖子开着的时候才会进去。因为平时进不去，所以才会在盖子敞开的时候想立马跳到里面去检查一下吧。

因为又窄又昏暗……它们喜欢这样的感觉

Q 为什么老要待在家电上呢？

因为很暖和很高……猫喜欢这样的感觉

猫喜欢待在电视、电脑之类的家电上。之所以喜欢家电是因为使用中的家电很温暖。想要暖和一些的猫就会跑到家电上取暖。还有就是暖炉等家电比周遭要高，它们喜欢高一点的地方。身居高处时视野比较开阔，一旦有什么情况也能够马上发觉，所以会比较安心。有些猫之所以会在主人使用电脑时想窜到电脑上去，极有可能是想要引起主人的注意吧。

在微波炉中修养身心！和上文洗衣机是同样的道理，由于都是昏暗狭窄的空间，它们觉得待在里面非常安心。

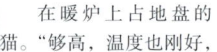

在暖炉上占地盘的猫。"够高，温度也刚好，喵~"

趴在电脑上的猫。仿佛在说"你倒是理理我呀"。

Q 为什么喜欢待在边边角角上？

真的好想对那些喜欢窝在角落的猫咪说"你们为什么就不能堂堂正正地待在中央呢？"之所以待在地毯边上是因为有以下这样这样的好处。热的话就可以马上下到地板上去，而且从高台的边角上能够很清楚地看到地面上所发生的一切，万一有什么事也能立马下到地面上去。所以相较于中间位置，反而是角落更能令猫心安。人类不也一样，在宽敞的房间里，也觉得待在角落能让人有种说不出的安心。因为至少不用太担心自己的身后会发生什么情况不是吗。

难道说角落是最有利的位置？！

端坐在地毯边上的猫。好想问它们"为什么要特意坐在那样一个地方呢？"

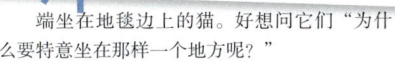

Q 相比抱抱，它们貌似更喜欢骑在人背上？

猫之所以会骑在主人的背上或是肩膀上，首先就是因为他们比较喜欢高一点的地方，所以才会使劲儿往更高的地方爬。还有就是猫讨厌被抱在前面，因为有失去自由的感觉，所以才会想着法儿跑到主人的背上去。猫的平衡感特别好，能够很安稳地趴在人身上。之所以在主人睡着时趴到他们的背上去，是因为主人的背真的很暖和，而且近距离感受到主人的气息也让它们非常安心。还有因为在背上，主人就没办法出手了吧，它们能够不被打扰地安坐在上面了。有些猫非常害怕被抱，就是因为感觉被剥夺了自由。让不喜欢被抱的猫习惯被抱着是需要一定时间的。

被抱等于失去自由，还是坐在背上比较安全

两只猫为争夺高处叫着威吓对方，甚至出拳打架。看来高处的魅力还真是不一般啊。

以一副香箱座的姿势待在午睡主人背上的猫。稍稍高出周围也是诱人（猫）的原因之一吧。

稳当当骑在主人肩膀上的猫。貌似已经习以为常了吧。再说了，这儿景致也好，猫应该是非常中意的。

Q 猫咪经常为争夺猫爬架最顶端而开战

猫喜欢高一点的地方，如上所述，越高的地方，它们待得越是气定神闲。所以猫爬架顶端是猫咪疯抢的一块宝地。因此很多时候这块宝地就自然成了猫界中地位比较高的领头猫的地盘。在强弱关系非常明显时，弱势的猫自然就要敬强势的猫三分，简直可以说是将地盘拱手相让，自然也无需争抢了。当双方势均力敌时，稍逊几分的一方会向强的一方发起挑战，战争也一触即发。

猫爬架顶端可是非常有魅力的地方哟

其他篇

为什么喜欢这些东西

Q 喜欢叼着布偶走来走去是怎么回事

猫会叼着猎物四处走。早在布偶出现之前,它们就有将捕获的猎物安全带回猫窝的习惯。此外,它们还会衔着自己的孩子走来走去。要是它们非常小心地叼着一个布偶在走,之后还对布偶像梳理毛发一般舔来舔去,说明它们将布偶当成了自己的孩子。

以为自己在搬运猎物或小猫

Q 好像很中意餐巾纸盒

餐巾纸盒于猫而言可是魅力无穷的。首先,它的大小刚好能让小猫将身体完全嵌进去,而且高度又能令成年猫刚好将下巴枕在上面。再者,盒子本身也不是太硬,可供猫咪撕咬和破坏,而盒子里面就放着柔软的纸,它们可以将餐巾纸拉扯出来玩耍,就是这么一个神奇的东西。是不是也有很多猫主人因爱猫三番两次拿餐巾纸盒搞恶作剧而叹息声连连呢?对猫来说可不是恶作剧哟,它们只是觉得非常好玩而已,所以也不能一味责备它们哦。可以将餐巾纸盒放到它们够不到的地方。

对猫来说可是怎么玩都不腻的玩具之一哟

Q 虽然有很多玩具,但老是玩固定的那几个

虽然给它们买了新玩具,但还是有很多猫更倾向于玩旧的那一批。人类的小孩也是,要是他们一直在玩的玩具不在身边,就会躁动不安。同样,有些猫也会觉得旧玩具比较能让自己安心。可能是因为渗透了自己体味的东西更能令自己身心放松吧。

顺带一提,猫是活在缺少鲜艳色彩的世界中的动物,所以,就算你给它买彩色的玩具,对猫来说也是没有多大意义的。

比较喜欢沾染了自己味道的玩具

(左)将餐巾纸拉扯出来的猫。对猫来说,不管抽多少次都会源源不断有纸出来是很不可思议的事,同时也很好玩。(中)将脸埋到餐巾纸盒里的猫。(右)这小家伙它直接将前肢伸到盒子里,对盒子大肆破坏了一番。

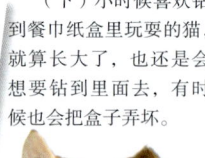

(下)小时候喜欢钻到餐巾纸盒里玩耍的猫,就算长大了,也还是会想要钻到里面去,有时候也会把盒子弄坏。

别册附录

猫咪身体的秘密辞典

猫咪可不光是可爱而已哟,它的身体到处都展现着惊人的能力和不可思议。接下来我将为大家介绍各种与猫身体相关的常识。

CONTENTS

1. 眼睛的秘密 …………… 74
2. 耳朵的秘密 …………… 76
3. 鼻子的秘密 …………… 78
4. 舌头的秘密 …………… 80
5. 胡须的秘密 …………… 81
6. 花纹的秘密 …………… 82
7. 肉垫的秘密 …………… 84
8. 运动神经的秘密 ……… 86
9. 智力的秘密 …………… 88

1 眼睛的秘密

猫有着闪着光辉的神秘瞳孔。看上去会说话的眼睛其实才是它们最大魅力所在吧。接下来我会告诉大家隐藏在这双眼睛下的神奇能力。

猫能看见人类看不到的紫外线？！

人类是看不见紫外线的。其实，看不到紫外线的生物出乎意料地多，但据说猫却可以看见。

比如说红隼（隼的一种），就是我们所熟知的田鼠的天敌，据说它就能看到田鼠的尿液反射出来的紫外线，从而轻而易举地搜寻到猎物的所在。其他我们已经知道的蜜蜂之类的许多昆虫也能够感应到紫外线。

鸟类和昆虫基本上都能看见紫外线。而猫究竟能否看到紫外线尚不得而知。但要是猫也能看见紫外线，那呈现在猫眼睛里的世界又会是怎样的呢，大家都很想知道吧。

只要有微弱的光线，即使在漆黑的环境中也能看见东西！

猫咪视物只需人类所需光亮的1/6，所以它们在黑暗的环境中也能够看见东西。猫的瞳孔会调节进入眼睛的光量，在黑暗环境中为了收集光线，它们会把瞳孔放到最大。而且视网膜的内侧有一层叫做反光色素层的薄膜，能够像镜子一样反射光线。将微弱的光线增幅40%~50%后反射回视网膜。正因为有这样的机能，猫才能在黑暗的环境中活动。

眼睛的颜色会左右性格？！

人类和猫眼睛的颜色都由黑色素量决定。而帮助黑色素沉淀的激素同时也会对脑产生一定影响。美国心理学家的调查表明，拥有茶色眼睛的人大多比较胆大，而蓝色眼睛的人多保守。这种说法对于猫说不定也同样适用！？

虽然这种说法对猫可能也适用，但每只猫情况各异。蓝眼睛的猫里也有调皮的，茶色眼睛的猫里也有害羞的。

猫的动态视力好过头了，以至于看电视就像在看格子漫画？！

原本就是猎手的猫的动态视力可谓是出类拔萃的。只要有东西在动，即使相隔50米它们也能够捕捉到对方的行踪，甚至是每秒4毫米的微动也能感知得到。这种狩猎时不可或缺的能力在看电视时就不太方便了。电视是将原先静止的画面串联起来以动画方式呈现的。每秒60格画面移动，人类可以流畅地看下来，但对于动态视力不错的猫来说，可能就像是在看翻页动画一般，画面总是断断续续。

猫咪身体的秘密词典

猫和人看到的颜色是不同的！

猫也能看到颜色，只不过和人看到的有所不同。猫感知颜色的视细胞大概只有人类的1/5。因此，在人看来极鲜艳的蓝色到了猫眼睛里就成了没有光泽的灰溜溜的蓝色。并且猫欠缺感知红色的细胞，所以它们看到的红色更像是灰色。

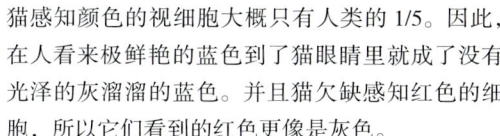

猫的视力是人的十分之一！

猫虽然在动态视力上更胜人一筹，但视力本身比人类弱很多，大概只有人的1/10。因此，它们不擅长用眼睛观察静止的东西。当猫歪着脖子时，其实是在调整视角，想把事物看得更清楚一些。

TOPICS

眼睛颜色的不可思议处

猫之所以讨人喜欢，原因之一就是它那多彩的眼睛。猫眼睛原本是只有黄绿色和金色两种的。黑色素的多少决定了它们眼睛的实际颜色，在被人类饲养后，出现了缺乏黑色素的品种，各种各样的变种也应运而生。

刚出生的小猫无关乎品种或毛色，一律都是"kitten blue"这种刚出生的小猫所特有的澄蓝色。只要缺少黑色素，眼睛就会是蓝色的，而小猫恰恰就缺乏黑色素。当它们慢慢长大，黑色素也随之形成，不出三四个月就会各自变回该有的颜色。

绿色

金色

金色

澄蓝色

2 耳朵的秘密

猫的耳朵是用来捕捉声音的碟形天线。它们能听到人类听不到的超声波。

听力是狗的1.5倍，是人类的3倍以上！

就听取低音的能力来说，猫狗和人基本上是差不多的，但要是论听取高音的能力，猫绝对是出类拔萃。人类一般只能听到2万赫兹以下的声音，而狗大约能听到3.8万赫兹，但是猫能听到6万赫兹以上！据说它们能捕捉到老鼠发出的介于2~9万赫兹之间超声波的声音。

猫·狗·人的高音听取能力比较
- 人 2万赫兹
- 狗 3.8万赫兹
- 猫 6万赫兹

和男性比起来，更容易听到女性的声音

猫容易听到相当于小猫叫声的2000~6000赫兹之间的声音，这在人类的声音里刚好属于高音部分。也就是说比起嗓音粗大的男性声音，它们更容易听到女性的声音。这也就是为什么有些男性在跟猫讲话时会特意用假声或学猫的语调的原因。

猫咪喜欢女性轻柔的高音。如前所述，猫比较擅长听取超声波，因此很怕孩子的尖叫声和吵闹声。所以请试着用猫咪喜欢的声音跟它们讲话吧。

老鼠等其他众多啮齿类动物的叫声基本上都在2~9万赫兹之间。为了搜寻猎物的所在，猫自然就进化成了能听到6万赫兹声波的体质。这对人类来说简直是无法想象的能力。

有耳毛的猫咪听力更好？！

缅因库恩猫等一部分长毛种的猫在耳朵尖处会长装饰性的耳毛。而这种耳毛不只是装饰这么简单。如果将猞猁长达4~5厘米的耳毛剪掉，它们的听力就会下降。实验已经证明，在这种情况下猞猁捕捉猎物的成功率也会大打折扣。所以猫的耳毛起到了收集声音的天线般的作用。

脸颊两侧→头顶！猫耳朵会随着成长而移动？

猫在小的时候耳朵是长在脸颊两侧的，长大之后就转移到了头顶上，至少看上去是这样的。其实最开始的时候，猫的耳朵眼儿在脸颊两侧，正好小猫的耳廓在耳朵眼儿周围，所以看上去像耳朵长在脸颊两侧。随着成长耳廓也逐渐变大。待它们长大，耳朵的形状绷直了，自然就跑到了头顶上。顺带一提，就算是小猫长大了，耳朵眼儿可还是在它们脸颊两侧的哟。

猫咪身体的秘密词典

小奶猫的耳朵在脸两侧

在这儿

小时候 — 在脸两侧
和蓝眼睛并排，轻轻地搭在脸颊两侧。随着小猫渐渐长成大猫，耳廓也会发育完全。

长大后……— 咻地长到头顶上去了
看上去耳朵移到了头顶上，但耳朵眼儿的位置还是不变的，只不过耳廓和耳道联结上了。

TOPICS

耳朵的形状多种多样！

基本上猫的耳朵都是笔直竖立的，当然也不排除那些耳朵形状有特色的猫啦。美国反耳猫（American Curl）和缅因库恩猫长得差不多，但它的耳朵是向外歪的。还有一种猫的耳朵是直接耷拉着贴在头皮上的，叫做苏格兰折耳猫（Scottish Fold）。你到底钟情于哪一种耳朵呢？

直立耳

反耳！

折耳！

苏格兰折耳猫的耳朵很灵巧

因塌耳朵很可爱而出名的苏格兰折耳猫刚出生时耳朵也是直立的，2~3周之后耳朵才会垂下来。但耳朵下垂的几率只有30%！在季节的交替或是偶然的契机下它们的耳朵还会立起来。还真是灵巧呀。

猫的耳朵能自由摆动，所以它们能准确辨认声音来源

本来听力就不错的猫，通过进入双耳的时间差和强度差异来捕捉声音出处的能力也是一流的。猫摆动两只耳朵，一听到声响就会将耳朵朝向那个方向去搜寻声源。人类也会通过声音的时间差和强度来找寻声音的来源，但即便是再好的耳朵也会产生4.2度的误差。与此相对猫的误差只有0.5度！即使目标物距离它们有20米之远，且两个目标物之间只相差了40厘米，猫也能将这两个目标物发出的声音区分开来，这是人类无论如何也模仿不来的能力。

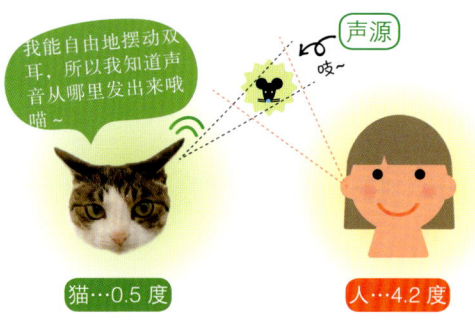

我能自由地摆动双耳，所以我知道声音从哪里发出来哦喵~

声源 吱~

猫…0.5度　　人…4.2度

3 鼻子的秘密

粉红里带点茶色、黑上面又有些斑点……不管是什么颜色都很可爱。猫咪的很多信息都是通过气味来收集的。现在就来揭晓具有惊人能力的猫鼻子之谜吧！

猫的鼻子非常灵敏！嗅觉是人的20万倍以上

猫的嗅觉非常敏锐，是人类的20万~27万倍！比起视觉，它们更多用嗅觉去判断形形色色的东西。比方说，它们闻一下别的猫的尿液或是臭腺的味道就能判断出那只猫是公是母、是否发情，这味道以前有没有闻过等。

通过气味来判断自己喜爱的食物！

猫对于味道不喜欢的食物是瞧也懒得瞧上一眼的。这是它们与生俱来的防卫本能，为了判断食物是否危险，是否为自身所需。而且，对于将动物蛋白质作为营养来源的猫来说，它们能够通过气味来判断食物究竟是由哪些蛋白质构成的。食物不同，猫的反应也不一样，这是它们嗅觉太敏锐的缘故。

猫的鼻子要比人类大10倍？！

猫是通过鼻子里"嗅上皮"中的嗅细胞来感知气味的。猫嗅上皮的面积有21~40平方厘米。在小小的鼻孔里，嗅上皮像纸一样一层一层地卷在里面。而人类的嗅上皮却只有4平方厘米的邮票大小。因此猫的嗅上皮要比人类的大5~10倍。所以我们终于明白了为什么猫的嗅觉能优越于人类这么多。

之所以能跟猫成为好伙伴是因为人类不再有体臭了？！

猫开始被人类饲养是在古埃及时代，因为会捉老鼠所以才被饲养，不过也有不同的说法。在美国人类学家路易斯·利基的学说中，人类原先有着令猫难以靠近的体臭，古埃及时代，人类通过芳香和精油大幅改善了体臭，之后猫就变得亲近人类了。什么！竟然是这样的！

猫毛色越浓鼻子越灵敏？！

动物是通过脑中的一个叫"嗅叶"的部分识别气味的。这个嗅叶的颜色越浓嗅觉就越发达。

狗的嗅叶是浓茶色的，猫的介于茶色与黄色之间，而人类的则有些发白。根据嗅叶的颜色我们便可知道嗅觉的敏锐程度。而且，有研究显示，毛色深的猫比毛色浅的嗅觉要发达。由此可知毛色（黑色素）的深浅、嗅叶颜色的浓淡，与嗅觉的敏锐程度是成正比的。

毛色偏白的猫鼻子颜色也比较浅，毛色偏黑的猫鼻子颜色也比较深，莫非这里面也存在着某种联系吗？

猫咪身体的秘密词典

TOPICS

猫用鼻子打喷嚏！

人类可以通过鼻子或嘴巴呼吸，实际上在哺乳动物里只有人类能用嘴巴呼吸。据说人是为了讲话才用嘴巴呼吸的。狗和猫在激烈运动过后会气喘吁吁，看上去像是在用嘴巴呼吸，实际上却只是将吸进鼻腔的空气通过嘴巴排出去来调节体温而已。此外，只有人类在打喷嚏时张着嘴巴。其他动物都是闭着嘴巴打喷嚏的。

人类所谓的指纹对猫而言就是鼻子！

你知道吗？只有包括人类在内的灵长目动物才有指纹。而其他动物身上只有一种叫做"鼻纹"的纹样，相当于人类的指纹。

每个人的指纹都不相同，鼻纹也是。就算是用同一个遗传因子克隆出来的克隆牛和克隆羊的鼻纹也是不同的。而且，鼻纹和指纹一样是一辈子都不会改变的东西。爱猫的专属鼻纹，难道你没有一点点兴趣吗？

日本会根据牛的鼻纹在和牛的血统书《子牛登记证明书》上印上能证明身份的鼻纹。要是猫咪的鼻子上沾上墨水或是别的什么东西可就大事不妙了，千万不要做这种傻事呀。

4 舌头的秘密

猫的舌头十分发达，能喝水、吃东西、顺毛等，下面就来谈谈作为万能道具的舌头吧。

对水的味觉敏锐度在所有生物中是NO.1

据说猫在所有生物中对于水的味觉是最敏锐的。有些猫只喝新鲜的水，有些猫能够分辨出好几种水。喜欢喝浴缸里的剩水可能是因为氯已经被洗掉的缘故吧。

舌头可以当叉子或梳子使，超方便！

猫的舌头很粗糙，有200~300个角质化的味蕾。这些味蕾又细又硬，突起于舌头表面，所以猫可以利用它们把食物的肉和骨头分离，也可以用来顺毛。

觉得蛋白质是甜的？

据说动物会对对自己很重要的营养元素产生甜的感觉。人类之所以觉得砂糖是甜的，是因为糖分是人类非常重要的碳水化合物营养来源。由于蛋白质存在于肉里面，所以它们会觉得肉是甜的。

猫能巧妙地利用舌头使水形成水柱来喝水

猫在饮水时会很巧妙地运用自己的舌头，不过喝水方式有好几种。有时候会用舌头的表面汲水喝，有时也会在轻轻触碰水面后立即将水卷起，在形成小水柱的瞬间一口气把水带入口中。喝水方式的不同在于猫舌头的卷曲方法、伸展长度等特征的不同。你家猫是怎样喝水的呢？

"猫喜欢鱼"这种情况只发生在日本

在日本，"猫喜欢鱼"这个说法被认为理所当然，但是从世界范围来看这种情况则是少数。猫作为肉食动物的一种，生来就喜欢肉，它们的饮食习惯很大程度上受幼年时期的影响。由于日本人喜欢鱼，也会经常给幼猫喂食鱼类，所以日本的猫才喜欢吃鱼。

有些猫在喝水时不出声音，也不会将周围弄得乱七八糟；有些猫却会将碗附近弄得湿答答，这都是因为猫在喝水时采用了不同的方式。而且，猫在喝水时舌头伸出伸回这个动作一秒钟能做到四次。

5 胡须的秘密

猫咪身体的秘密词典

胡须能感知0.000005毫米的差异

胡须是一种感觉器官，被称为触毛。在许多场合都对猫的行动有很大帮助，比如在黑暗中行走时。胡须的根部聚集了很多神经细胞，能感知0.2克的重量和0.000005毫米的差异。

这是什么

猫能够敏捷地通过狭窄的地方。支持这一行动的就是它的胡须。

失明的猫咪胡须又粗又长

猫即使眼睛看不见也能通过胡须把握周围的情况。可能因为经常使用，失明猫咪的胡须要比健康猫的更长更粗。有报告指出，如果猫的一只眼睛看不见，那么同一边的胡须就会变长。

胡须与眼睑相连

被触摸到胡须时猫会立即眨眼。这是由于胡须和眼睑通过反射弧的神经结构相连，当胡须触及异物时眼睛就会反射性地闭上。

不仅脸上，猫的全身都长着胡须

我们一说起胡须就会想到它是长在嘴边的。但事实上猫的胡须不仅长在嘴边。仔细观察猫的前腿，应该可以看到内侧长着好几根胡须。前腿上的胡须能够帮助猫在黑暗中感知移动猎物的存在。猫的全身都长着胡须，韧性虽比不过脸上和腿部，但还是以大约每隔1~4厘米1根的比例生长着。这些都是具有与脸部胡须相同构造和作用的触毛。

在这

嘴边共有24根胡须

猫的嘴边基本上都有24根胡须。但虽说如此，由于胡须一直在生长替换，所以很少有机会是长齐全的。身体其他部位的胡须可以顶替那几根缺少的工作，不会产生任何问题。除了嘴边，脸部胡须还存在于眼睛上面、脸颊边以及下巴下方。

都是胡须哟~

长在前腿内侧的胡须除了能感知猎物的存在，还有助于确认捕捉到的猎物是否还会继续行动。狗的全身都是触毛，但比猫稀疏。因此狗的行动不像猫一般敏捷。

即使是兄弟姐妹，花纹也不尽相同

人类的双胞胎若是同卵双生，基本上会长得一模一样；若是异卵双生，长相就会有很大差异。猫同人的异卵双生一样。也就是说，由于来自不同的卵子，即便是兄弟姐妹基因也各不相同。影响猫毛色和花纹的基因有20多个。同一对父母生出的幼猫，颜色和花纹也会因为遗传基因的不同而产生差异。而且，当母猫与多只公猫交配时，可以同时产下不同公猫的孩子，所以幼猫之间毛色、花纹有差别也是理所当然的。

猫的花纹各不相同。下面就来讲解一下形形色色的花纹的秘密。

即使是同时出生的幼猫，花纹和颜色也会千差万别。这些不一样的花纹、颜色让每只猫都有自己的个性，可以说是猫最大的魅力。

6 花纹的秘密

世上没有黑肚子白色背的猫？！

虽说猫的花纹很复杂，不过还是有迹可循的。其中一个规律是猫毛基本是从身体上方开始着色的。猫站着的时候，颜色的分布状态就好像调味汁从上面流下来一般，所以如果猫肚子上有颜色的话，背上必定也是有颜色的。"调味汁"的量会对花纹产生至关重要的影响。

猫咪原是自然界里毛色最不起眼的动物

现如今猫的花纹种类丰富多彩，但若追本溯源，最初只有茶色一种。对于曾作为沙漠动物的猫而言，茶色是最不醒目的保护色。即便存在过由变异产生的各种颜色与花纹，但由于过于醒目，都遭到了自然的淘汰。现在，猫逐渐被人饲养，所以即便外表突出，也会有人来守护，这才使各种花纹的猫的生存成了可能。

条纹猫的额头上都有"M"标志

养了条纹猫的主人请好好看看爱猫的额头,看见"M"型的记号了吗?这是条纹猫的特征。条纹猫从额头开始到头顶,再到脖子呈现着几条线。这些线左右对称,刚好在眼睛上方出现分支,看上去就像一个"M"。尤其是线条颜色深且清晰的猫,"M"会更加醒目。

脸部和尾巴是较容易产生花纹的部位

除了上页提及的"调味汁分散",脸部花纹的呈现也是存在规则的。即猫鼻子周围以及头顶容易产生颜色。这也是很多猫有类似鲶鱼胡子或者假发般花纹的原因。同样,尾巴也比较容易出现颜色,而且颜色很深。所以有的猫身体虽是白色,但尾巴会出现花纹。猫在出生时也会很偶然地带着各种有趣的花纹。爱猫一族对这些花纹会无法抗拒吧。

许多猫身体上的条纹虽不明显但尾巴上的条纹却十分醒目。尾巴自身体全黑的猫从规律上而言是不可能出现的。另外,如果说尾巴上有颜色,那它头上的毛也肯定是有颜色的。

TOPICS

关于猫的花纹

猫的花纹样式非常丰富,有白色的、黑色的、黑白相间的、白黑茶三色混杂的,也有斑点的、八字形的……都很有个性。你更偏爱哪种毛色呢?

三色花纹

三色花纹指的是白色的毛上面还有黑色和茶色的马赛克花纹。由于性染色体的缘故,公猫很少有这种花纹。母猫的性染色体是XX,公猫是XY。将毛色变成茶色的基因和变成黑色的基因分别位于不同的X上,所以在白色毛上加入茶色和黑色形成三色花样一般需要两个X,即在母猫身上比较常见。也有罕见的公猫是三色花样,所以它们可能拥有XXY型的染色体。

青花虎纹

全身乌黑的条纹,好似青花鱼一般,所以称之为"青花虎纹"。它的腹部和脚的内侧是茶色,有"原始虎纹"的特征,但这种花纹还是比较少见的。

原始虎纹

是与家猫祖先利比亚山猫最接近的花纹,也是猫最原始的毛色。腹部的白色被称为"原始虎纹白",也被称为艾草、灰毛、藤萝猫。

茶色虎纹

底色是淡淡的黄褐色,再加上深橘色,还有一些红褐色的条纹。也被称为红虎纹。与欧美相比,日本这种茶色虎纹的出现率比较高。

灰色花纹

一开始日本的猫没有这种颜色,海外的猫才有这种"灰色"。颇具代表性的品种有俄罗斯蓝猫、卡尔特猫等。这种毛光滑又有光泽,颇具魅力。

猫咪身体的秘密词典

7 肉垫的秘密

猫的肉垫富有弹性，也很光滑，看上去很可爱，让人忍不住想要触摸。但这些肉垫也发挥着很大的作用哟~

走路就是在戳章盖印，用肉垫来标记自己的地盘！

猫会在自己的地盘留下自己的气味。使劲蹭家具或者主人是为了使其沾上从自己脸部、嘴部周围以及耳朵后部的臭腺分泌物，让自己安心。臭腺也分布在脚趾之间，所以气味分泌物会随着走路时肉垫分泌出的汗渍一起附在走过的路径上。也就是说猫会一边巡视自己的地盘，一边像按印章一般印上自己的气味。

看上去只是在走路，其实是在把自己的气味附在地上。要将脸部和嘴部周围的气味留在某样东西上时就必须使劲蹭，但是脚爪之间的气味可以一边走路一边留下。

正因为有了肉垫猫才能偷偷靠近

"明明刚刚还在别的房间，不知什么时候就睡在身边了""没意识到它已来到脚边，差点踩到！"发生过这样的情况吗？猫能够不发出一丁点儿声音走路的秘密就在于它的肉垫。肉垫最大的特征就是"吸收声音"。猫在捕猎时通常会

伏击猎物，靠近时再一举击中要害。也就是说能否偷偷靠近猎物成了左右成败的因素，所以用肉垫吸收冲击时的声音是非常重要的。另外，猫平时都是缩着爪子的，这也是它们能够悄悄走路的原因。狗做不到缩爪子。

肉垫名称知多少

你知道猫的前爪有几个肉垫吗？五个脚趾分别所在的肉垫叫做"趾垫"，中间面积最大的那块叫做"掌垫"，稍微有些距离的一个叫做"指根垫"，前爪（单个）共有七个肉垫。后爪没有"指根垫"，四个爪子再加上中间的"脚底垫"，所以后爪（单个）共有五个肉垫。接下来，一边观察猫的脚底，一边来对应着看这些肉垫吧！

猫也会流汗？！因为肉垫容易出汗

人类体内有汗腺，但是猫只有肉垫上有汗腺，所以猫如果出汗的话只出在肉垫上。出汗量是由潮湿程度来决定的，但汗最多的并不是感到热的时候，而是紧张的时候，就跟人类在紧张时手心出汗一样。这汗还能在爬到高处时起到防滑的作用。

内垫位置及名称

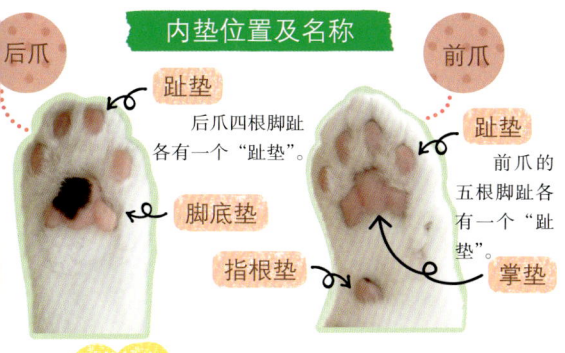

后爪 — 趾垫：后爪四根脚趾各有一个"趾垫"。脚底垫、指根垫

前爪 — 趾垫：前爪的五根脚趾各有一个"趾垫"。掌垫

肉垫里有弹性的部分是脂肪

触摸肉垫时，会感到十分有弹性，因为它是由脂肪和弹性纤维等构成的。我们的手掌和脚底有弹性的部分也是相同的组织结构。肉垫的皮肤厚度大约为1毫米。长毛部分的皮肤厚度是0.02~0.04毫米，所以肉垫是被比较厚的皮肤所覆盖的。肉垫很厚实，能起到缓冲的作用，使猫能不发出一丁点儿声音就靠近猎物。

一按肉垫爪子便会伸出来

猫能够根据自己的意识控制爪子。放轻脚步走路时，收起爪子；要战斗时便会把爪子当做武器。想要给它剪爪子时只要轻轻按住肉垫就OK了，爪子会自动伸出来。

猫咪身体的秘密词典

TOPICS 这是谁的肉垫？

肉垫和毛色之间不可思议的法则

肉垫的颜色与皮肤色素、黑色素相关，而且黑色素还影响着毛色。因此，很多情况下毛色的深度与肉垫颜色的深度是成正比的。一般情况下黑猫的肉垫是黑色，白猫的肉垫是粉色。斑点花纹的猫肉垫也是花纹色的。但是也有黑猫的肉垫是粉色，白猫的肉垫却是黑色的情况。

只是中间是茶色 / 粉红肉垫 / 花纹肉垫

8 运动神经的秘密

猫拥有出色的跳跃力以及柔软的身体。超群的运动神经支持着一些夺人眼球的动作。

跳跃高度是身高的 5 倍

猫能跳至身高 5 倍的地方，相当于人能够跳至 3~4 层楼高。这惊人弹跳力的秘密在于后腿。它们一般会先弯曲后腿的膝部，保持弹簧被压住的状态，往上跳的瞬间一下子伸直膝部，从而获得强大的瞬间爆发力，所以能跳很高。而且，猫柔软的背骨和强劲的肌肉也是出色跳跃力的支撑。

猫会在确认目标高度后一跃而起。树上也曾是它们的生活圈，所以猫很喜欢高的地方，跳跃也可以说是高手中的高手。当然，在跳跃中或落地时还可以通过尾巴来保持平衡。

猫能稳健地走在狭窄的地方，比如帘轨、阳台周围的栅栏等。虽然会因猫而异，但基本都能很从容地通过大约 3 厘米宽的地方。这时起作用的便是猫的尾巴。猫能通过尾巴灵活地保持平衡。正如我们在杂技走钢丝中所看到的，演员通常会拿一根长棍子，当身体失衡时可以摆动棍子来保持平衡一样，猫的尾巴亦是如此。从正面观察一只正在通过狭窄地方的猫，就会发现它的尾巴一直在晃动。

因为有尾巴，所以猫能在宽度仅为 3 厘米的地方走动

猫的尾巴能协助保持平衡，因此比起短尾猫，长尾猫的平衡感会更好。虽说如此，日常生活中短尾巴也够用了，所以不必担心。

猫咪身体的秘密词典

狗绝对无法做到！猫拳的秘密是『锁骨』

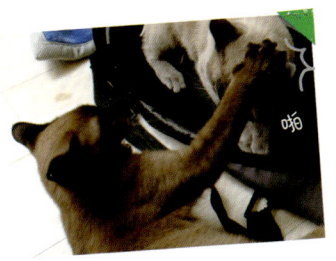

猫拳不仅可以接球，还可以攻击。猫的前爪正如人的手一般，非常灵活，而事实上它的秘密就在于锁骨。为了让前腿左右移动，锁骨起了很重要的作用。猫的锁骨虽然有些退化，但也是存在的。因此，能使猫的前腿左右移动变成可能。狗的锁骨已完全退化，所以它的腿几乎无法左右移动。

因为有出色的平衡感，所以才能安稳落地！

猫会在空中迅速回转身体，完美落地。这要多亏了它超群的平衡感。猫具有非常发达的前庭器官，用于控制平衡。前庭器官位于耳朵内部，能够感知身体的动作并传给大脑。所以即使背朝下开始下落，也能立即调整身体，使得脚先落地。调整的过程也仅需0.125~0.5秒。据说只要有60厘米的高度就能安稳落地。这种能力是猫所特有的，人类无法模仿。

即使是背朝下开始下落也能调整至让脚先落地，这可真是惊人的技能。

猫咪拳击俱乐部

TOPICS

猫身体柔软的秘密在于骨头和关节的构造

猫时而将身体蜷曲，时而弓成虾状，这些动作都是人类无法模仿的。它的这种柔软性源自那比人类多出的40根骨头。而且猫的骨头之间关节松散柔软，肌肉不紧实，连接骨头的韧带极富弹力。正因为这种构造，猫才能发挥无与伦比的身体能力。

具有能够自由伸缩的柔韧性的身体也是猫的魅力之一。

很多时候我们会为猫自由的姿势、出色的柔软技能而震惊不已。

9 智力的秘密

猫的智力大约与狗处于同一水平

下图的数字就是所谓的"脑化指数",数值越高就说明智力越高。根据数字可以看出猫与狗的智力水平大致相同,但是为何猫不能像狗一样按照指示行动呢?那是因为狗和猫的习性有所差别。狗是集体行动的动物,有服从领袖命令的习惯,而猫是独自生活的动物,不会服从别人的指示。即便听到在呼唤自己,若不想去那就不会去。这种随心所欲的反应是猫独有的特点。

脑在体重中所占的百分比(脑化指数)

狗 0.14%　　猫 0.12%　　人 0.89%

猫很多时候被认为是头脑派,它们的智力水平相当高。

猫也会得老年痴呆症?

猫的世界里也有老龄化的问题,有很多活了将近20年的长寿猫。随着年龄的增长,猫也会出现老化现象,比如五感衰减、睡眠增多等。严重的还会得阿兹海默症。痴呆症原本就是记忆、学习等认知能力变差的疾病。这也可以理解成正是因为智力高,所以才会引发这种症状。

猫的老年痴呆症表现在想多次进食、各处徘徊,或者弄错厕所位置上。为了预防这种病,有效的方法是与主人建立良好的关系或者进行精神方面的刺激等。

猫的各种条件反射都是"聪明"的证据?

猫与生俱来就有本能性的条件反射。以下列出来的就是一些基本的条件反射。由于学习能力强,它们能从经验中学会一些条件反射。"一听到猫粮包装袋的声音就会飞奔而来"就是一个例子。能够预测未知的事情体现了它们出色的智力水平。

感觉冷就会叫

幼猫与母猫、兄弟姐妹走散时会叫,但并不是因为悲伤,而是因为寒冷。幼猫无法自己调整体温,身体变冷就会危及生命。"感到冷的时候就会发出声音"这是猫出于生存的条件反射。

好冷哦!妈咪~

刺激屁股就会排泄

母猫有舔幼猫排泄物的习性,只要刺激一下屁股,幼猫就会排泄。有了这样的记忆,即便是长大的猫,当屁股受到刺激时也会开始排泄。

抚摸一下头就会缩脖子

猫被抚摸时会稍微缩一下脖子。这也是条件反射的一种,感觉到头上有些什么东西时会想着保护头部。这可能是它们从经验中学到的一种能力。

第 2 章

猫语会话术

【交流篇】

对于不了解猫的心情的你而言，与猫的交流应该不会很顺利吧。下面我将教你怎样抓住猫的心，以及与它们交流的方法。首先来确认一下对爱猫而言你是怎样的存在吧！

你在猫的眼中是这样的！ 其一
通过图为你诊断

猫会把你划分为"父母""兄弟姐妹""恋人""孩子""空气""危险人物"六种类型

诊断方法

从起点开始，回答各个问题。从a、b或者a、b、c中选择恰当的答案，并沿着箭头方向答题。最后到达的终点就是答案。

➡ 6种类型里，你属于哪一种呢？看一下第92—93页的解说吧。会对今后你跟猫的相处方式起到一定作用哦~

开始

猫经常主动靠近你。
ⓐ 是
ⓑ 不是

（陪我玩~）

你在它身边时它不会吃东西或者排泄。
ⓐ 是
ⓑ 不是

一靠近就逃。
ⓐ 是
ⓑ 不是

（赶快逃走~）

会凑近你的脸，和你在同一条被子里睡觉。
ⓐ 大致如此
ⓑ 偶尔如此
ⓒ 基本不会

你去洗澡或者上厕所时它会跟着你。
ⓐ 是　ⓑ 不是

（你要上厕所吗?）

F 危险人物

解说参考第93页

猫语会话术

会来蹭蹭你的胳膊、肚子等身体部位。
 a 是　　 b 不是

经常这么干　嗯嗯

可能会这么做……

会撒着娇往你身上蹭。
 a 是　　 b 不是

摩擦

你和它一起玩时会被咬被踢。
 a 是　　b 不是

A 父母

解说参考第92页

B 兄弟姐妹

解说参考第92页

你摸它的时候会很享受。
 a 是　　b 不是

哼　别这样嘛！

像是给你整理毛发一般舔舐你的头发或胳膊。
a 是　　b 不是

C 恋人

解说参考第92页

a 是　　b 不是

E 空气

解说参考第93页

D 孩子

解说参考第93页

呵呵～

91

诊断结果大揭秘

P90-91

A 父母型的你
你是被猫信赖尊敬的对象

由于家猫依赖主人喂食，所以即便长大也会保留些幼猫的脾性。如果你的猫在这方面倾向特别强烈，那么它就是把你当成妈妈了，会给你很多的爱和信赖。当猫咪在找你撒娇或者来找你玩时，你肯定很擅长回应它吧。是让它一直处在主人的疼爱中，还是果断地让它独立，那就要根据猫咪的性格来考虑啦。

B 兄弟姐妹型的你
想要跟你一起玩，快乐地在一起

幼猫都希望有一起玩的小伙伴。把你当兄弟姐妹一样喜爱，想要跟你一起玩就是在对你撒娇的证据。爱猫对你的爱并不是那种对父母的敬爱，而是平等关系的喜爱。这种跨越人类与猫界限的关系能够一直保持就好了。一般而言，就算是家猫，1岁半以后就会减少和你玩耍的次数。即便有一天你会觉着"自己也许是在被猫玩"，那也是不错的吧。

C 恋人型的你
即便是同性，也会把你当成恋爱对象！

爱猫一直跟你很亲密，就好像是恋人一般。不管是公猫或是母猫，即便做过绝育手术，也会有类似的激素让它们开启恋爱模式。如果主人和猫是同性别，猫也会把主人当成恋爱的对象。能这样被猫喜爱也很令人开心呢，但是恋人感觉一旦变强，就会把主人的男朋友或女朋友当做敌人，对对方很有戒心。恋爱模式也要把握分寸，多陪它玩玩，让它抒解一下这种恋爱的感觉吧。

D 孩子型的你　想要守护的对象

你的猫是一只不依赖人的独立自强的猫。如果不是被其他成员当成了父母来对待，就是因为它比较有野性吧。似乎是把你当成比自己还小的弟弟妹妹。你是被猫咪喜爱着的，这点毋庸置疑，下次它邀请你玩的话，不如遂了它的心意？

E 空气型的你　猫太独立了，不会在意别人

看起来你的猫很独立且带有野性。接受你给它的食物时，它并没有觉着是你在养它，以平等的心态看待你。这绝不是一件坏事，可以说这只是它本来的性格。可能是被其他人养过或者被母猫教育过才会这样。也可能是和你在一起的时间太少了。对于一只独立的猫而言，尊重它的情绪是非常重要的。

F 危险人物型的你　令猫很有戒心，无法安心的对象

你的爱猫似乎对你很有戒心。也有可能是因为来的时间不长，还没有习惯新环境。在它习惯之前，就那样不去管它，让它自己待着吧。如果长时间都无法让它消除戒备，那可能对猫而言，你在无意识中做过一些让它害怕的事。在不希望别人逗的时候去逗，它们会受到惊吓的。你的猫还真是敏感呢，以后要多加注意噢！

你在猫的眼中是这样的！ 其二

根据猫的 行为 来诊断

猫的心情都体现在行动上。我将分别解说下面六种类型，来看你在猫咪的眼里是什么样的存在。

觉得你是父母的猫咪行为

抱抱～
无辜眼神

央求你抱抱它

会对你发出撒娇的呜咽声，希望你能够抱抱它。当你为满足它而抱起它时会发出高兴的声音。这种时候，猫咪通常会觉得自己是在妈妈的怀里，身体接触会让它感觉很安逸。但是猫咪也非常随性，有时想要抱有时又不想要抱。如果会错了意去抱，它也会发出很激动的叫声以示厌恶。所以还是等它闹着求抱抱的时候再抱它吧。

会爬上主人的背、肩膀或膝盖

猫咪主动跳上主人的膝盖，说明是在向你撒娇。幼猫会爬到母猫的身体上以获得安全感，所以这样的举动可以看成希望你理睬它的信号。若顺势满足它挠挠它，它就会发出快乐的叫声。

当它跳上膝盖跟你对视或是想要你抱而把身体靠过来时就是它撒娇模式全开的表现。这时如果你能读懂并满足它的话，它肯定和你更加亲近。

想要蹭主人的身体

幼猫在喝奶时为了让乳汁流出来，会经常用前腿去蹭母猫。蹭着主人身体会让猫感觉自己像还在喝母乳的小猫。

一起睡觉，一起起床

幼猫和兄弟姐妹们都会紧紧地挨着母猫睡觉。想要与主人同睡一张床或者一条被子，说明它对你就像对母猫一样信赖。而且和主人一起起床的猫会想和主人一起行动，这就是爱撒娇的幼猫常有的心态。

叫它就会跑过来或有回应

幼猫一听到母猫的呼唤就会立刻发声回应。因为它知道如果不听母猫的话就会有生命危险。家猫如果听到被当成母猫般信赖的主人的呼唤也会出声回应。但是如果被叫过来却没什么好事,以后可能就不会再理会你了。所以还是有必要时再喊吧。另外,如果被叫到名字,还会斥责了一顿的话,它会很讨厌这个名字,所以要注意一下噢。

害怕的时候躲在主人身后

被其他猫攻击,或是碰到陌生人等让它感到害怕的事时,就会把你当成最值得信赖的母猫,逃到你的脚边来。并会一直把你当成可以保护自己、可以依赖的人。如果你不在,有时也会逃到家人里第二、第三信任的人那里去。

当猫咪躲到了你身后,而你却说着"没关系的哟~"之类的话把它们拖出自己身后的话,它们会觉得遭到了背叛。所以当猫咪拜托你帮它们打掩护时就好好地保护它们吧。就算是客人想见猫咪,强行将它们拖出来也是不可以的。就让它们静静地躲着吧。

经常叫

有些猫经常叫得像是在跟你搭话一样,这就是把你当成母猫的表现。你就像是会给它饭的妈妈一般。猫咪会像幼猫般对你撒娇。有些猫叫是因为和你在一起很安心,感到满足。

头靠过来蹭蹭你

这是猫咪典型的打招呼方式。跟你分开一段时间的猫回来时会将额头或者脖子周围臭腺的气味蹭到你身上去,用这种方式来宣称"我回来了哟",从而获得安心感。这是对感情深厚的人才会做出的举动,也会出现在手足以及恋人之间,但亲子之间更为常见。

肚子饿了就会咬

肚子饿的时候会像幼猫一样来咬你,但这不是攻击性的,而是希望母猫来照顾它。但是,如果一直顺着它的意,就会让它觉得自己只要咬一下就可以达成目的,也会让猫变任性。对于无理的请求要无视,不给予回应也是非常重要的。

主动来舔你

如果猫对你有请求会趁着你睡觉时过来舔你讨好你,这是幼猫特有的属性。也有可能它这时觉得自己是个母猫,以为是在理小猫的毛。另外,也有可能是舔你身上带有盐分或者其他气味的东西。

觉得你是 兄弟姐妹 的猫咪行为

理毛时顺便舔舔你

猫在给自己理毛的时候顺便凑过来舔舔，是想顺便给兄弟也理理毛。因为很专注地在给自己顺毛，所以不会一直纠缠着舔你。等到舔够了就会自然停下来。

用前爪触摸

用身体的一部分紧紧贴着你是安心的表现。想要告诉你"我在这里哟"。这时心情很安逸，不想玩激烈的游戏。你可以跟它轻轻地讲讲话，抚摸一下它。

以一样的睡姿睡觉

像兄弟一样一起喝母猫的奶，用同样的睡姿紧贴着睡觉，通过做同样的事感到安心。把你当成兄弟一般喜欢时会用一样的姿势睡觉。

觉得你是 小孩 的猫咪行为

听到呼唤就会用尾巴来回应

当它觉得回应很麻烦，或者现在不想理你时就会摇摇尾巴来回应你。这个时候猫猫就会感觉自己是大人，把你当成小猫，会敷衍地回应"好的好的，听到了哟"。

抓虫子或小动物给你

捕捉昆虫和小动物，简直就像礼物一般运送到你的面前，这是一种母猫的心态。看到无法狩猎的主人，担心主人会饿肚子才会这么体贴地送吃的。

会让你抱

你抱着它的时候不会乱动，全身放松任你摆布，这其实表示它并不是真正想让你抱。忍耐着让你抱是非常有大人范的行为。它会思考着下一步要怎么做。这种忍耐不会持续很久，它会试着逃离或者用牙齿来咬你。

觉得你是 恋人 的猫咪行为

陶醉地轻咬

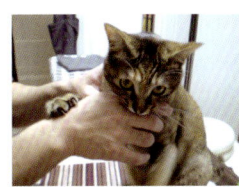

公猫在交配时通常会轻咬母猫的脖子。对主人有恋人的感觉时就会一脸陶醉轻咬着主人，感觉像是在交配。母猫也时常会有这种行为。

扑过来

朝着主人的脚扑过来，这可能是把主人当成了恋人。眼睛眯成一条线，窥视着主人的动向，时刻准备扑过去。也有可能会像右边那样，开始陶醉地轻咬你。

抚摸时会舔你

抱着它和它面对面等一些亲密的场合，你试着抚摸它的话就会伸出舌头轻轻舔你。这是想帮你顺毛的意思。这种时候猫咪对你是恋人一般的心情。

觉得你是 空气 危险人物 的猫咪行为

在同一个房间却不靠近你

虽在一个房间，但猫咪不会主动靠近你。这时的猫就像个大人一样，十分独立。你对它而言就是空气般的存在。

放松一下

去朋友家时他家的猫会蹭过来

不是很熟的猫会靠近你是由于自己地盘内来了陌生人，开始产生戒心。这时它想通过摩擦使你沾上它的气味，以求心安。

蹭毛毯之类的东西

如果开始在毛毯等柔软的东西上蹭来蹭去，那么即使你在旁边也会被当做空气。猫已经沉浸在自己的世界里，像是在撒娇。这时候就让它享受吧。

好软

保持一定距离注视着你

与戒备的对手保持一定距离进行监视。不开心就找个地方躲起来，戒备的同时也有满满的好奇心。就像看危险人物一般注视着你。

别成为对猫来说"out"的主人

讨厌！
好可怕哦~

NG！ 主人 其一
无法让猫安心的人

猫咪会采取的行动

- 时而逃避时而躲藏
  你一进入屋子它就会躲到别的房间去。

- 不会在靠近你的地方吃饭或者便便
  猫咪看见你就吃不下饭或无法如厕。

- 一直在张望
  一直盯着你看。一靠近就逃，然后再回来看着。

- 你伸出手就会大声叫
  你对它伸出手它就会弓起身体，摆好架势，张开嘴巴大叫。

猫觉得你很可怕？！可能是对你有所防备

如果经常见到上述行为，那猫可能很害怕你。和猫的成长和性格当然也有关系，胆小敏感的猫需要特别的关照。跟人与人之间的交往一样，对猫来说也有不投缘的人。这种情况下更需要多花时间慢慢接近和拥抱它们。不要急着缩短彼此的距离，慢慢习惯猫的节奏和步伐吧。

一直都很温顺，突然之间开始对主人有戒心，可能是身体不舒服，或者哪里疼痛的缘故。这个时候就要好好观察猫身体的变化，如果发现有异样要及时送到医院治疗。

NG！ 主人 其二
让爱猫瞧不起的人

猫咪会采取的行动

- 有不满就会咬人
  有时候，比如饭来晚了、厕所很脏、运动不足等都会用咬的方式催促主人。

- 要求没有被满足时就会咬人
  除早上起床后想要吃饭、现在马上想跟你玩等这些要求，如果你干扰了它想做的事也会攻击你。

猫咪会觉得你地位比它低，从而小看你

猫出现高高在上的行为时，就是它们觉得自己比主人高等的时候。在某种程度上，智商高的动物面对认为比自己低等的对手时会采取轻蔑的态度。猫会把人分为"强""弱""喜欢""讨厌"四个评判基准。因此，主人应该变得比猫强大，努力像母猫一样得到它们的信任。

狗会觉得自己低主人一等，但也有不听主人命令患上"领袖症候群"的狗。在猫身上，如果过分宠爱也会出现类似的症状。

不能明白猫咪的心情，也不擅长跟猫咪交流的主人们，说不定你家的猫正在心里对你说"out"哦。

"out"理由大调查
NG 主人常有的不好行为

NG 1 猫躲起来时非要把它拉出来

猫躲起来时非把它拖出来抱抱或者缠着它玩，完全不顾它的心情，你有过这种行为吗？当它害怕或者希望自己待着的时候就会躲起来，这时请不要不顾它的心情把它抱到客人面前。

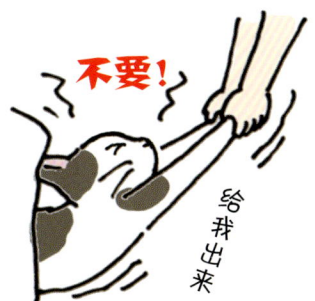

建议对策

它觉得害怕时就让它自己待着吧。等到它觉得没关系自然会出来。另外，准备一个让它感觉安全的地方，可以让猫咪在害怕、不适应、感到有压力的时候有处可逃。

NG 3 突然用大动静或者大声音吓唬它

胆小的猫对巨响和突然的大动静会表现出过激的反应。比如突然站起来，或者打个喷嚏都会惊到它，让它在不经意间戒备起来。尤其男性的动作声音比较大，所以更能惊到它。

建议对策

尽量不要用太大的动作吓它，一旦感到害怕就让它自由地逃跑或隐藏吧。如果你曾经吓到过爱猫，那就和它们放心的人一起喂喂食吧，让它知道你不是个可怕的人。

NG 2 追着它跑

猫碰到不喜欢或者害怕的人时会选择逃走，如果这时你觉着好玩而对它穷追不舍，猫只会更害怕。它对你的好感度也会越来越低。但是，如果是要带它去医院，那么不管多厌恶也要抓住它。

建议对策

为了带它去医院硬把它抓起来放在笼子里等行为会让它把你跟坏的事情联系起来。要从平时就让它习惯笼子，在笼子里放些好吃的，给它留下好印象。努力不要给它压力。

NG 4 让它有痛苦的回忆

不经意间踩了它的尾巴让它感觉到痛时，它就会对你有戒心，即使过了很久也不会原谅你。必须注意的是一些不知轻重的小孩子会给猫留下痛苦的回忆。还有为爱猫治病、让其吃药也会加深猫的痛苦。当然体罚也是原因之一。

建议对策

治疗也好，吃药也罢，做了那些给猫带来痛苦回忆的事，一定要在事后非常温柔地对待它，让猫在被疼爱的时候忘记那些疼痛的回忆。另外，猫对行为无法预测的"熊孩子"很头疼。在有小孩子的场合，准备一些猫能自由逃跑的地方，当"熊孩子"想要玩弄猫的时候要适当保护猫。

NG 5 只在高兴时找它玩

猫来找你时不陪它，它独自惬意的时候又去打扰它，硬要跟它玩。这对于猫来说是很痛苦的。对猫而言，比起不被理睬，自己不希望被打扰时被硬生生打扰会更加痛苦。由于这点而被嫌弃的人要多注意。

现在别跟我

建议对策

猫是很独立的动物，很重视自己的生活节奏。最理想的是自己希望被搭理的时候来搭理，不希望被搭理的时候就让它自己待着。试着读懂猫的心情去配合它吧。

主人与猫的关系

有时是父母，有时是兄弟姐妹

与猫亲近的关键在于成为幼猫时期的家人

在猫的心中，第一位是母亲！

野猫都是单独生活没有家人的。家猫常把人类当做管饭的道具，又感到如果一点都不依赖人类而生存下去是非常冷清艰难的。在幼猫时期，由母猫和兄弟形成了一个家庭，能在这个时期把主人当成母猫或者兄弟来信赖的关系是最理想的。

在猫家族的排位顺序中，母亲是第一位的，兄弟姐妹们位列第二。所以主人的目标就是这两个心理排位。

要注意幼猫时期带给它的印象

被家猫防备的人可能在不经意间做过让它害怕的事。猫对于好的记忆和不好的记忆特别执着。尤其是在它还是幼猫时就觉得"可怕"的人，若想让它完全放下防备是需要时间和耐心的。

像空气一样的人是最理想的主人？！

对性格独立的猫确实如此

人希望猫能对自己撒娇，但这只是人单方面的意愿，不会对人撒娇才是独立猫的特性。对于这样的猫而言，主人在不在都无所谓，所以可以说主人就是空气一样的存在。这样的话猫的每一天应该都是舒适幸福的。

如果不想再当空气……

类似空气般存在的人目前还不会被猫讨厌。可以从增加与猫接触时间开始来改善关系。

NG6 严厉责骂

如果你好好照顾它并且很温柔地对待它，它就不会因为你的责骂而变得害怕你。但是如果是非常胆小的猫，可能会因为大声责骂而开始慢慢疏远你。

建议对策

想要让猫停止捣乱又不想让它讨厌主人，正确的办法就是不要让它知道是主人做的。比如，在猫捣乱时在它背后看不见的地方朝它喷水；如果它爬上了你不想让它爬的地方，就可以设置一些小陷阱把它赶走等。

NG8 有求必应

如果咬一下主人就能有饭吃，那会让它明白只要一咬，自己的要求就会被满足。而且，如果一直由着它的性子，一旦得不到满足就可能会出现攻击性的行为。

建议对策

必须告诉它咬是没用的。它如果出现要咬人的迹象，那么就摇一些会发出声音的东西来分散它的注意。另外，不能纵容它的任性，吃饭的时间必须由主人来规定。

NG7 与它相处的时间短

猫喜欢亲近跟自己接触时间长的人。而对于那些把照顾猫的工作委托给家人、很少跟猫接触的人，猫都不大去亲近。根据猫的性格，会把这样的人列入"危险人物"或者"空气"的行列。

建议对策

如果猫对你产生戒心，不靠近你的话，那么就从喂它吃饭这件事开始吧。首先最重要的是让它习惯你的存在。

目标！与爱猫 ♥ 亲密交流！！
让猫喜欢你的三步骤

想和猫咪变得亲密、想听懂"猫语"，那么你就该学习怎么才能让猫喜欢你！
如果你懂得取悦猫咪的技巧，它就会永远喜欢你。快跟我从以下三个步骤开始吧！

步骤 1 不要勉强接近，给它自由

被猫喜欢的第一步。为了不让自己的感情遇冷，一开始先退一步，好好观察一下它的样子吧。

想跟我玩吗？

想打开猫的心房，就先让它得到满足。

说声"嗨"，拥抱一下就能拉近距离，这是外国人的交流方式，如果把这比作狗的交流方式的话，那么猫的交流方式可以说是很日本式的。突然过来说声"嗨"反倒会使对方防备起来。如果想要改善与猫的关系，那么就要让猫对主人产生好奇心，耐心等待它的主动靠近。若无其事，把猫当成不存在一般，这样才会让猫慢慢靠近你。

如果它防备或害怕你就会藏起来。有时候也会伺机而动，等待逃跑时机。这时可以逗它玩或者用食物引诱它出来。如果猫能跟你待在同一个屋子而不逃跑那说明你还是有希望的。慢慢努力拉近你们之间的距离吧。感情变好，出现好征兆时就跟它一起玩耍吧。通过玩耍能够一下子拉近距离。接下来，就要进入身体接触环节了。在那个时候，即便是友好的猫，心情也会转变。想撒娇就撒娇，想要独自待一会儿就希望你不要理它，这就是猫的心情。读懂它微妙的心理是很重要的。

猫咪喜欢的人 ♥ 讨厌的人 💔

安静的人 > 吵闹的人

猫很怕吵。哇哇吵闹的"熊孩子"那高亢的声线会让猫抓狂恐惧，有时甚至会呀呀乱叫起来。猫对平静的声音和态度会很喜欢。

成人 > 小孩

猫喜欢温柔成熟、能考虑它的心情以平静的态度对待它的人。而小孩子总是会心血来潮，想一出是一出，又会很黏地玩弄猫，这让它们很头疼。和孩子在一起时一定要为爱猫安排可以躲避的地方。

女性 > 男性

猫的听力很好，特别是幼猫那种声调较高的叫声。它们更喜欢跟女性亲近的原因是女性的声调比男性要高，更容易让猫接收到。还有，动作灵活舒畅也会加分哦。

猫想玩耍的信号

● **一直盯着你看**
它一直看着你，或者打打滚让你看看肚子，这就是它想跟你玩耍的信号。

● **尾巴竖起来**
把尾巴竖起来或者变成倒U形，这时也是跟它玩耍的好机会。

步骤 2 擅长和猫玩耍，抓住猫的心

和猫玩耍的关键是掌握不要让猫感到厌倦的技巧。
每天一起高兴地玩耍是加深与猫之间羁绊的好方式。

藏起来、跳起来……用逗猫棒重现猎物的动作会让猫非常愉快地跟着你动起来。充分与猫玩耍也可以解决家猫运动不足的问题。

猫咪会时而追赶着你，时而又逃走，时而咬咬东西，时而跳来跳去，可以说非常喜欢狩猎般的运动型游戏。即使是一直生活在室内的家猫，也会本能地喜欢这种游戏。要抓住猫的心就要牢记"猫喜欢狩猎型游戏"，激发它的狩猎本能。

在和猫玩耍时，要一边想象着老鼠、虫子、鸟等它喜欢的猎物，一边舞动手中的逗猫棒。仿佛一旦被抓住就会有生命危险。这时猫肯定会很乐意跑过来的。如果猫来咬了，就说明你的挥舞方法很好。相反它如果没有任何反应，那么你就要好好钻研如何挥舞逗猫棒了。当然，也要注意不要让猫厌倦，不断变换方法和它玩耍吧。只要稍微花点心思，就可以为你们的相处时间制造出愉快的回忆了。

关键在于激发它的狩猎本能。让爱猫把玩具当成猎物吧。

check! 与猫玩耍的 3 大规则

跟猫玩耍之前要知道的规则。
在熟知这些规则的基础上，尽情和猫挑战各种各样的游戏吧。

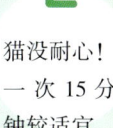

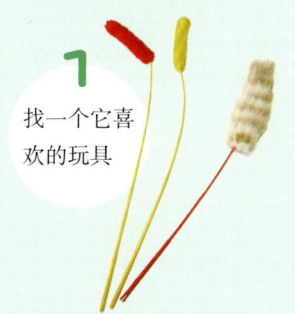

找一个它喜欢的玩具

找找能让猫喜欢的玩具吧。猫区别不了很相近的颜色，所以请尽可能选择那些跟地板、家具不同色系的玩具。

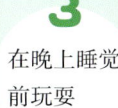

猫没耐心！一次15分钟较适宜

游戏时间一次15分钟，一天几次就够了。猫没什么持久力的，15分钟左右已经可以玩得很尽兴了，再久就很容易疲劳。

在晚上睡觉前玩耍

猫是夜行性动物，一到晚上就会特别活跃。如果你不想大半夜被打扰，就要提前跟它玩耍，消耗它的精力。

> 逗猫教程
>
> ## 挥动逗猫棒
> ## 就像挥动猫的猎物一般!
>
> 我来向大家介绍如何使用常规玩具逗猫棒来逗猫吧。
> 挥动的方法不同,玩法也千奇百怪!

标准的逗猫棒只要好好挥动就能让猫高兴

你平时经常和爱猫玩耍吗?给猫一些玩具而不陪着玩,或者因为养了很多只猫,让它们自己去玩等想法都是不行的。通过和猫玩耍才能加深和它们的交流,了解爱猫的性格和能力。但是也没有必要准备特别的玩具或者高超的技巧。只要一根逗猫棒和一些小窍门就可以逗猫开心了。慢热型的猫也需要主人的积极配合。让手中的逗猫棒变成猎物,挥动着去逗爱猫开心吧!

首先,我们练习一下逗猫棒的基本操作方法

1 在地上爬行

老鼠和虫子都是在地上爬的,所以人们经常用逗猫棒在地上做这样的动作。摆动逗猫棒,配合着呲呲呲的声响才是关键。

2 变换速度

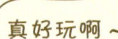

虫子和老鼠才不会做规则运动呢!得一会儿动得飞快,一会儿速度缓慢,缓急交加着挥舞逗猫棒。无章法地动才是要领。

真好玩啊~

3 锯齿形挥动

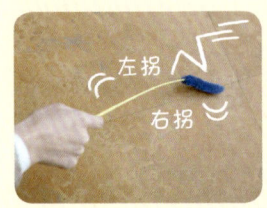

让我们再现猎物四处逃窜的样子吧。演出一变换速度假意逃走的好戏!偶尔装作不经意地攻击一下,朝着逃无可逃的方向行进也OK。

4 中途停止运动

不一定要一直挥舞,可以突然静止不动,之后再快速挥动逗猫棒,猫咪也会拼命跟上。只要让猫咪觉得出乎意料就可以了。

窸窸窣窣

逗猫棒的使用方法 基础1 像虫子一样

虫子窸窸窣窣匍匐前进的动作，能使猫咪燃起狩猎本能。你可以在布下面摆动逗猫棒，来演绎一只在树叶下运动的虫子。

1 将逗猫棒隐藏在地毯、浴巾下面，然后将其稍稍提起，动来动去。

2 将逗猫棒露出一些到布的外面，猫咪一旦注意到便会钻到布里面去。考虑到是在模仿虫子的动作，所以要适当调整快慢。

3 当猫的狩猎本能被点燃，就会扑过来。偶尔将逗猫棒放到猫咪身体下方动一动也是 OK 的。最后要让它们捕获到猎物，满足它们的成就感。

玩耍的要领

看不到的布下面有什么东西凸起在动，意识到这一点，猫咪的狩猎本能就会被唤起。推荐用薄一点的床单或是呢绒质地的轻便物品，会使猫咪较快地反应过来，从而达到一个不错的效果。

玩儿的时候一定要……

最后一定要让猫咪捕获猎物！

如果让猫咪仅仅是追赶猎物，最后还被猎物甩掉的话，它们会因感受不到成就感而非常受挫。所以切记在最后一定要让猫咪漂亮地捕获猎物。

逗猫棒的使用方法 基础2 像老鼠一样

猫咪非常喜欢追着老鼠跑。动作敏捷的老鼠越是往猫咪意想不到的方向逃跑，猫咪就越是斗志昂扬。

抓住！

1 在猫的附近静静地挥动逗猫棒。这时猫还未察觉到老鼠。为了引诱猫咪，可以一点一点地移动逗猫棒。

2 当猫咪注意到逗猫棒之后，将逗猫棒稍稍挪远一些，在千钧一发之际抓准时机逃跑。

3 当猫咪扑追过来之后时快时慢地左右晃动逗猫棒，再现一只拼死逃命的老鼠形象。要是被猫拳打到也不要倒下。

4 在快要被抓住时让"老鼠"离开。猫的玩心会逐渐高涨。此时就让"老鼠"四处逃窜拼死逃跑吧。

5 当猫扑过来咬住逗猫棒时就让它们决斗吧。让"老鼠"逃跑几次也OK，不过"老鼠"要慢慢地变弱。

6 再次被咬到就死心吧。让猫咪感受一下抓到猎物的成就感。这时它们应该会露出满足的表情！

逗猫棒的使用方法　基础3　像鸟一样

使用钓鱼竿样式的逗猫棒，再现一只受伤鸟儿呼啦呼啦煽动翅膀的样子，使猫跳跃。是适合体力比较充沛的猫咪的游戏。

1 先在离猫咪有点距离的地上吧嗒吧嗒地移动玩具。将羽毛弄成鸟儿受了伤的样子，化身一只飞不了的鸟儿！

2 在猫咪扑过来之后，提拉玩具，装成鸟儿上蹿下跳的样子，不让它抓到。

3 猫咪一会儿跳起，一会儿站立，此时将玩具垂到它们鼻头位置，但不能让猫咪抓到。使它焦急、令它焦躁……跳！

4 跳起之后抓到了！但还是没能将"鸟儿"擒获。在猫咪着地的当口让玩具也随之着地，然后马上跳起。一翻动手腕就可以令它跳得很高。

玩耍的要领

这项游戏运动量比较大，请配合猫的体力来调整跳跃的次数。在逗猫棒跃起的同时，若是将握有棒子的手腕突然翻过来，就可以让羽毛一下子抖动起来。在时机恰当的时候跳起来，猫儿也会非常开心的！

5 猫咪会连续跳跃！连续跳跃3~4次对猫来说运动量比较适中。在被又是咬又是拳打脚踢几次之后，"鸟儿"要渐渐败下阵来。

6 最后让猫咪出色地捕获猎物来结束这场游戏。要是它还在兴奋中，就让它稍微休息一下吧。推荐轻便的逗猫棒，使用起来比较轻松。

玩儿的时候一定要……

看准时机收手吧

当猫像狗那样开始"哈啊哈啊"呼吸时游戏就可以停止了。这是它上气不接下气的状态。因为猫耐力不行，每次游戏时长在15分钟左右就可以了。若是猫露出疲惫的样子，差不多就可以停下来了，让它休息也是很要紧的。先了解一下爱猫的体力和耐力吧。

> 猫语会话术

\升级篇!/
逗猫棒的使用方法 应用1
伏击游戏

在掌握了玩耍的基本要领之后就可以增加游戏的类型了。首先我来介绍一下能配合猫咪习性的游戏!

玩耍的要领

这是利用猫咪在狩猎时会预测猎物的行动来先发制敌的习性而想出的一种游戏方式。出其不意是关键。在认真观察猫咪玩耍的同时抓准时机移动逗猫棒,让它们的斗志燃烧起来吧!

1 坐在地上晃动逗猫棒,挑逗着猫。在猫追过来时又将逗猫棒绕到背后去。

2 在背后将逗猫棒换到另一只手中,绕到身体前方。绕自己的身体一周。重复2~3次。猫咪会对逗猫棒不依不挠、紧追不舍。

3 在左转、右转了好几次之后,猫咪会在途中临时掉头,在反方向伏击逗猫棒。它们是在读取游戏模式、动用脑筋哟。

4 以一副对猫咪的伏击出乎意料的姿态朝反方向转动逗猫棒。突然来个上下左右乱逃窜,制造一种"出乎意料"的感觉吧!

逗猫棒的使用方法 应用2 # 主人偷闲版游戏

这是能让猫主人觉得开心,又能够边休息边玩耍的游戏。连续跳跃对猫来说运动量有点大,偶尔轻松地玩一玩也很好哦!

1

主人侧躺着来回晃动逗猫棒给猫看,以此来勾起猫咪玩耍的兴致。当它扑过来时,立马将逗猫棒移到身体的另一侧。

2

再将逗猫棒移到身体的另一侧,这时猫咪会追过来,直接从主人的身体上跳过去!反复进行这个动作,让猫咪不停地跳来跳去。主人可以边看电视边玩。

玩耍的要领

猫咪跳跃的瞬间会咬住逗猫棒。在它精力还不是很集中,还会对其他事物心血来潮的时候,晃动手中的逗猫棒,让它着急。用逗猫棒弄出点响声来引起猫儿的注意也不失为一个好方法。

步骤3 建立信任关系后，享受一下抚摸它的乐趣吧

就算你觉得猫很可爱也不能鲁莽地随便过去乱摸，不然爱猫反而会躲你远远的……你要找到一些能让猫咪觉得舒适、心情大好的场所，然后掌握让猫愉悦的抚摸方式。

在猫放松时轻轻抚摸它

猫若已经对你卸下防备，就会让你抚摸。通过游戏和猫改善关系后，就试着抚摸一下它吧。像被母亲抚摸一样，当猫放松时，你可以好好抚摸抚摸它。睡前或者睡着时都是抚摸的好时机。虽说如此，但也有因为抚摸方法不当而打扰到它的情况，所以还是适可而止吧。

抚摸的要点

● **温柔，不要过于用力**
抚摸时请不要忘记你的力气比猫大。推荐猫妈妈轻轻抚摸幼猫的方式。

● **抚摸容易酥痒的地方**
下巴、后脑勺。脸部分布着散发味道的腺体，也是容易酥痒的地方。专找这些地方下手吧。

---

check! 抓准抚摸猫咪的时机

猫咪在想让你摸时被摸到会很开心，没心情被强行摸的话会很不喜欢哦。

可以抚摸哦

- 呈放松状，横躺着的时候
- 竖着尾巴的时候
- 扭动着身体、滚来滚去的时候

猫咪们心情好的时候抚摸它们当然是ok的。当它们呈现出一副很放松的样子，优哉游哉怡然自得时不妨偷偷去抚摸它们吧。要是猫咪主动过来用身子蹭你，表示它很渴望被摸。猫咪此刻是很希望你能够看穿它们想要被抚摸的心思的。

现在不想被摸

- 吃饭的时候
- 顺毛的时候
- 玩得忘我的时候

人类在专注做某事时也不喜欢被打扰。猫咪在吃饭、顺毛、很认真地玩时最好不要去打扰它们。强行被触碰对它们来说压力是相当大的。要是碰上那些比较敏感的猫，在它们吃饭或是忘我玩耍的时候去摸的话，当心你的手会被它们咬哦。

猫语会话术

抚摸教程 1
令猫咪心满意足的抚摸方式讲座

下面就来介绍在一般情况下能令猫咪心情大好的抚摸要领。
看到猫咪眯起眼睛的享受表情，也是养猫的一大乐趣呢。

背部
沿着毛和骨骼笔直抚摸下来。关键是要慢要温柔。把手当做梳子，稍稍用些力挠一下，也可以让它心情变好。

肩膀
轻轻地按摩肩膀部位它也会很高兴。让它习惯以后，用刚刚好的力道揉揉它。如果它不喜欢的话就停止吧。

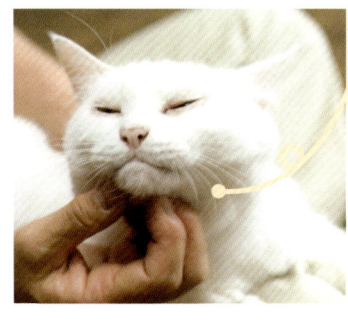

下巴
猫的下巴底下有臭腺，也是自己抓不到的地方。所以很容易感到酥痒，可以稍微用些力去挠，此时猫的眼睛会变细，说明它很高兴。再用指腹抚摸因感到满足而伸长的脖子，让它习惯你的抚摸后再去挠它整个脸部。

脖子
脖子后部有臭腺所以这个地方容易痒。稍微用些力道抚摸它的脖子，能让它感到舒服。力道保持在猫用后爪搔痒的程度就可以。

前爪
脚底的肉垫上聚集着许多穴位。即使不了解每一个穴位，也要一边享受肉垫的触感，一边给予刺激。由于很多猫不喜欢别人碰它前爪，所以还是跟它关系变亲密以后再试着去碰吧。

耳朵
耳朵上也有很多神经。如果它不讨厌的话，试着用大拇指和食指轻轻地将耳朵捻起来揉一下吧。耳朵口的毛很稀疏，多数猫很喜欢这里被摸。

这里还有
每只猫咪的舒服点不同

● **屁股**
稍微用力拍拍它的屁股时，有些猫就会翘起尾巴希望多拍几下。但是，屁股也是猫的要害，如果它不喜欢就不要硬来。

● **腋下**
由于自己碰不到，所以稍微挠几下有些猫会很开心。就像照片里的一样，两只前腿举起来，说明它非常享受。当然，这也因猫而异，有些猫喜欢，有些猫不喜欢，所以挠的时候一定要仔细观察。

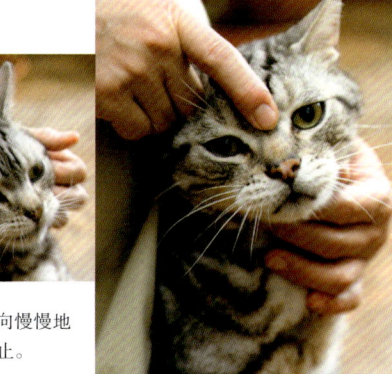

脸
脸部是每只猫在幼猫时期会被猫妈妈特别抚摸的地方。沿着毛的生长方向抚摸吧。额头要从两眼之间开始一直梳到头顶部，而嘴巴、鼻子周围、嘴角、上嘴唇部分（胡须的根部）要顺着脸颊的方向慢慢地抚摸。鼻子要从双眼间开始，到鼻尖为止。

抚摸教程 2

一边抚摸一边给它顺毛吧

顺毛也是抚摸的一种。让我们像母猫舔小猫一般轻柔地给它们顺顺毛吧。

在轻轻抚摸的时候，也可以给它顺顺毛

顺毛也是抚摸的一种。若猫习惯你给它顺毛，会感觉很舒服，也能加深你们的感情。为了防止猫咪给自己顺毛的时候吃进太多，也为了防止猫毛掉得满房间都是，你来给它顺毛是最有效的方法。不仅能够刺激皮肤，也能促进血液流通。试着把每天顺毛变成一种习惯吧。

虽然喜欢按摩和抚摸，但有些猫却很讨厌顺毛。对于这样的猫，在给它按摩或抚摸时可以稍微顺一下毛，让它慢慢习惯。关键是不要强迫它，要让它慢慢觉得顺毛也是乐趣。

好舒服~

抚摸是猫与主人之间缔结"亲子羁绊"的重要方式。不要光用毛刷梳，也用手温柔轻缓地慢慢触摸吧。

check! 抚摸的效果

被母猫舔时像身处梦境！

对幼猫来说，和母猫接触会让它们安心。因为很放松的缘故，会促使消化液分泌以及肠道蠕动等，从而促进它们成长。对家猫而言，和主人肌肤接触会有利于身心的健康成长。

和主人的亲密度也会提升

家猫不管长到几岁都会将主人当做母亲，希望主人抚摸自己。而另一方面，我们通过抚摸猫咪，在身心上也得到了放松，这就加深了彼此间的羁绊。

极乐

出现"住手"的信号就停止

尾巴变硬・激烈摇动

抚摸时的尾巴变硬，或者急匆匆地摇动，就是不耐烦的征兆。这时就要停止顺毛，放它自由活动。千万不要纠缠，要把握放手时机。

给你看肚子

抚摸或顺毛时如果猫把肚子转过来给你看，它并不是让你也挠一下肚子，而是"你不停的话小心我踹你噢"的表示。能够读懂这个怕是不容易，不过还是记住这是危险信号尽快停手吧。

适可而止吧！

猫语会话术

给长毛猫顺毛

长毛猫一天至少要顺毛一次。
让我们饱含爱意地给它们顺毛吧!

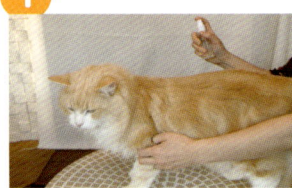

1. 为防止静电，按压喷雾时需一口气按到底。只要将喷雾朝着猫的身体上空喷射，水分就会均匀落下。

2. 用针梳沿头—背—尾巴方向梳理。注意要一点一点地梳，一次不能梳太多，而且要轻柔。

使用工具

喷水瓶
只要将水灌到喷水瓶里就好了。市面上的防静电喷雾也行。

排梳
主要用于容易打结的耳朵下部以及起毛球的地方。能够将缠在一块的毛理顺。

针梳
连长毛都能顺畅地梳下来，是一种梳齿排布比较稀疏的梳子。注意在使用时不要太用力。

3. 从下巴到肚子、腋下以及大腿内侧等一些容易起球的地方要特别小心地梳理。

4. 换用排梳，对脸颊和耳朵下面的部位从毛的根部开始好好梳理。因为是毛特别容易缠成块的部位，所以要很认真地梳理哦。

5. 让我们用排梳给猫咪来个全身梳吧。梳到起毛球的地方会被卡住，此时我们需要耐心将其理顺梳开。

用手充当刷子给猫咪顺毛

掉了这么多

在自己的双手上喷点水（或是防静电喷雾）。用弄湿的手从猫的头部抚摸到尾部。因为脱落的毛会附着到手上，所以我们要一边抚摸一边将毛清理掉。

让猫咪喜欢上顺毛的要领

● 彼此都要放松
不是一上来就马上用刷子，而是从按摩开始。彼此都放松之后再顺毛。

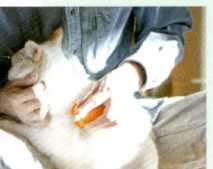

● 在房间的各个角落都备好工具
将刷子等工具放在房间的各个角落，以此来使猫咪习惯工具的存在而不再害怕顺毛。而且还能在它们心情好的时候马上就开始哦。

给短毛猫顺毛

为了减少短毛猫吞入腹中的毛量，同时又能和它们多亲近亲近，让我们也来给它们顺顺毛吧。

使用工具

喷水瓶
将水放到瓶中备用。也可用市面上的防静电喷雾替代。

用橡胶刷给猫咪顺毛

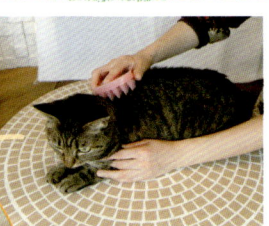

刷了这么多!

用喷雾将猫的全身打湿。沿脸—头—背的顺序顺着毛的方向刷。注意不要太用力，要用心刷。尾巴则用弄湿的手去抚摸，将多余的毛给清理掉。

橡胶刷
用橡胶制成的刷子。种类多样，有梳齿长短不一的，也有套在手上的款式等。

111

为什么 难道是 人和猫

大不同的表达 认知差异

你经常错误理解猫咪行为的含义吗？如果将猫咪的行为及其理由一一读懂的话，也许就能明白猫咪的真正心声了！

责骂它就会弄坏一些重要的东西，这是在报复吗？

这是主人的被害妄想，猫没有这样的坏心思

可能主人会觉得"重要的东西被弄坏了"是一种出自猫咪的报复，但这绝对只是错觉。猫被责骂后，只是通过做一些与平常不一样的动作来释放被骂的心理压力。比如抓抓以前不会去抓的东西，爬爬平常不怎么去的地方，打破一些东西。猫不懂主人的什么东西重要什么东西不重要，也不理解自己弄坏东西后主人的失望。因此它的这种行为没有可能是报复。"做错事"和"弄坏重要的东西"这两件事，只有人类才会理解为因果关系。猫只是看到了恰好也是主人看重的东西而已。

check!

让人头疼的行为再怎么骂也改不了

对于猫的恶作剧等让人头疼的行为，无论怎么说"不可以"它都无法理解。如果大声吓它，可能会破坏好不容易建立的信赖关系。对于恶作剧，重要的是花些工夫，不让它有机会做这些事。当它表现出想做这些事的倾向时不要骂它，而是要引导它对其他事情产生兴趣。

> 养了好多只猫，如果抚摸其中一只其他猫便会冷眼相待。这是在"嫉妒"吗？

是否会嫉妒在于社会关系的不同！

虽说猫基本都是单独活动，但在同一地区的猫群之间也会形成很松散的社会关系。它的构成很简单，领头猫在最顶层，其他猫都是平等的。有时候领头猫对于一般的猫也会有拘谨感，所以它们之间的关系可以说很和平。

另一方面，狗所在的是群居社会，每一只狗都有清楚的上下级关系。也会有比较严格的规定，比如下级狗不能忤逆上级。对于家狗而言，主人就像领头狗一样。如果主人更疼下级狗，会导致失衡，在狗之间产生不公。由此也会导致我们经常看到的欺凌事件。

对猫而言，主人就是领头猫或者父母般的存在。如果家里有很多只猫，平等地对待每一只，就不会产生不公平现象。若在疼爱方式上有所偏颇，就会让它们感到不公平。虽然如此，"受主人喜爱的那家伙真讨厌，我们一起欺负它吧"，很少有猫会抱有这种感情。它们会想对主人说"也多宠爱下我嘛"。至于错把猫可怜兮兮的眼神当做"冷眼"的主人，应该多了解猫咪的心情啊。

狗社会和猫社会的不同

狗社会 — 金字塔型
领头狗
以领头狗为顶点 严格的上下级关系

猫社会 — 同心圆状
领头猫

除了老大之外都是平等

狗本来就是群居动物，必须有完善的体制。所以在狗的社会里有像军队那般严格的上下级关系。而猫基本都单独行动，除了领头猫以外都是平等的。领头猫是未去势的公猫，所以才会赢得其他猫的尊重。

最近一直在安静睡觉，后来才发现是病了。是为了不让我担心才这么安静的吗？

猫不会顾及你的感受，安静待着只是野生习惯

猫身体不适时会独自找个安静的地方待着，它们有等待恢复的习惯。被看到虚弱的样子，这对野生动物而言是十分危险的。实际上也存在没能恢复就这样死去的情况，这就是"猫知死期将近，便主动消失"这句话的来源。你家的猫始终安静地躺着是因为习性的缘故，并非是为了不让你担心。猫在生病时有隐藏自己病状的习性，所以主人对家猫行为异样要特别敏感。否则在主人没有察觉到的期间，病情可能会加重。请千万注意不要让这种事发生！

出发去旅行的早上，猫有些坐立不安，是不想我去吗？

这个想法只是主人内心的投影

出发去旅行的早上，总是和平常有所不同，比如起床时间不一样，还会整整行李，可能会有点小慌乱。猫注意到这种氛围，心情也会受到影响。会跟随主人的慌张而不断转来转去。但是，由于它还没意识到主人会有一段时间不在家，所以当然不会有"不想让你走"的想法。只是主人想着"猫会不会孤单"等事，有些不安，从而有了以上这种想法。

坐立不安

趁我不在就会捣蛋……家里没人的时候就是『捣蛋鬼』吗？

也不是「趁机」故意捣蛋

主人不在时猫通常会以睡懒觉度日，但淘气的猫和精力旺盛的猫会独自玩耍。那些会惹主人生气，平时不允许碰触的东西，也会因为主人不在而肆意乱动。话虽如此，猫也不是想着"趁主人不在，我可以尽情恶作剧啦"。猫没那么聪明，只是刚好觉得无聊，刚好碰到感兴趣的东西，没人喝止，自然而然就去玩耍了……仅仅如此而已。

> 猫做完绝育手术后一直蹲在房间的角落盯着我看，是在恨我吗？

瞪

做完绝育手术后猫并不知道自己不能生小猫了。当然也不会恨你。只是因为太累，才会表现得和平时不一样。

会感到被憎恨，其实是因为主人自己感到愧疚的缘故吧。猫不会像人类一样因为自己不能生孩子而失落。所以没必要过于耿耿于怀。猫进入发情期会疯了似的去寻找异性，但也不是因为意识到自己是公的所以要找母的，只是一种本能。除了发疯似的寻找异性外，它们大多数时间都是很悠闲地度过的。术后没有了发情期，只是会让它们更加安稳而已。

只是因为术后太累，变老实了。

check!

绝育手术会改变猫的性格？！

做绝育手术后，猫的性格发生变化的案例有很多，比如比以前更加爱撒娇，或者更冷漠等。这是因为公猫、母猫之前被各自性激素隐藏的原本性格得到了释放，看上去就好像变了一样。年龄越大，猫的性格就越稳定。也就是说手术时间越晚，性格变化越不明显。

绝育手术最好安排在出生后半年至一年左右

我也被做手术了

猫最晚会在一周岁左右迎来第一次发情期，如果在第一次发情期前就做手术，可以降低患生殖疾病的概率。另外，在出生六个月左右便有了承受手术的体力。所以一般认为这段时间做手术是最合适的（适合手术的时间也会因猫而异，和兽医商量后再决定吧）。

猫语会话术

爱猫与我 ★ 向经验丰富的御猫高手学习!

治愈交流术

你每天都能和猫顺畅地交流吗?
被猫治愈的同时也能彼此放松地沟通最棒了!
现在来介绍一些主人与爱猫相亲相爱的趣事吧!

治愈 1 感受到与猫之间的感情而被治愈

与猫情意相通的喜悦是无与伦比的。试试沉溺在猫咪那炽热的感情里吧,"原来你这么喜欢我啊!"

推测猫咪的情绪

突然间养了猫,最初也是不知所措的。猫到底在想什么真的是完全摸不着头脑……然而读了书以后学习了不少东西,慢慢对猫的情绪很感兴趣。特别是知道猫在撒娇的时候尾巴会笔直竖立起来,真是太可爱了!我已经完全变成"猫奴"了。现在经常会推测猫的心情,无论什么时候感情都很好呢!
(大阪府 上地女士)

享受那炽热的视线

出差前我家猫就会在玄关前面用很炽热的眼神望着我,都让我舍不得出门了。不要再用那种眼神看我了好吗~
(新潟县 梦希女士)

圆鼓鼓的眼睛直溜溜地看着我,无论什么时候看它,都能感受到它炽热的视线,深深感受到了它对我的感情。
(青森县 久真女士)

脑袋蹭蹭·鼻子碰碰

当我在家里优哉游哉的时候,猫就会过来绕着我呼噜呼噜地转,拿头蹭我跟我表示亲呢,完全能感受到浓浓的爱意。(爱知县 福女士)

像兄弟姐妹一般嬉戏玩耍

我家的寿太郎精神十足,喜欢玩耍。完全把我当兄弟姐妹,跟它认真玩耍就非常高兴。玩耍的时候也深深治愈了我。(栃木县 栗林小姐)

想要被治愈时我们两个就总是互相捉弄对方。我家的塔奇也并非每次都会配合我,但是花点时间还是愿意跟我玩耍的。
(香川县 三谷先生)

被猫揉啊揉

我家的小茶很爱跟我撒娇,我一躺下就会上来用前爪揉搓柔软的地方……有时候是毯子,有时候是我的肚子。虽说是有感到被治愈,但也有些复杂的心情。(笑)
(北海道 田村女士)

我家的小凛从幼猫时期就开始和我一起睡了,即使成年以后也很喜欢我的耳垂。经常吮吸我的耳垂,或者揉揉我的头发和脸颊。我想可能是太小就跟母亲分开的缘故吧。每天睡觉前,这些动作都是对我最好的治愈。
(千叶县 瑠美小姐)

猫语会话术

抱抱

我们家的菠萝是长毛猫,我超喜欢它那身软绵绵的长毛。最能治愈我的就是抱着它的时候啦。菠萝也很喜欢被抱着,总是靠过来让我抱着它那软绵绵暖乎乎的身子。抱着它的时候,感觉只属于我们俩的美好时光在静静流淌!
(熊本县　达布林女士)

家有小猫

最爱肉垫

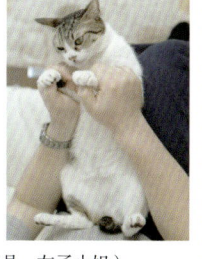

猫身体中我最爱的部位就是肉垫啦。柔柔的、滑滑的、又有弹性,真是受不了呢。我家的猫咪肉垫是粉红色的,更是可爱得不得了。当我按摩它的小肉垫时也完全被治愈了。(埼玉县　友子小姐)

对话

每次跟我家可可罗说话的时候,它都会"喵"着回应我。电视剧的感想呀、工作上的郁闷呀,甚至恋爱的烦恼都会跟它聊,它也会很有耐心地听我说完,然后回应我。我家的猫可以说知道我所有的事呢,要对外人保密哦可可罗!(福井县　凛凛女士)

蹭来蹭去

我家的猫咪小爱超爱黏着我蹭来蹭去。总是在我的脚边呼噜呼噜地来回打转,蹭着我的腿。我知道猫蹭主人是喜欢的表现,所以有时候也会蹭回去。(北海道　贝尔女士)

喜欢猫的气味

我觉得猫咪的气味真是太好闻了!一边抱着它一边尽情地嗅它身上的香味,身心都放松下来了。每天都会有微妙的不同,与其他猫身上的味道都不一样,与众不同,让我根本就停不下来!(千叶县　蘑菇女士)

猫能治愈身心?!

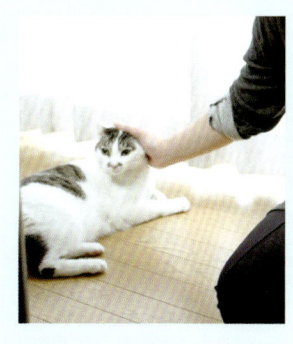

猫能治愈身心……那可绝不是自我安慰的错觉。来自猫等宠物的治愈效果是有实际的科学证明的。举个例子,猫使人减轻压力而使得心脏病发作的风险降低了30%的试验是通过4435人作为对象,调查之后得出的结果。另外也有降低血压、加强手术后的恢复等报告。猫的治愈效果确实是货真价实的!

插画家内垣直子为我们画了自己与爱猫小涡君的趣事。

117

治愈 2
一直在一起的治愈

LOVE 喵

有猫陪伴在身边的主人是非常幸运的。无论何时何地，总是紧紧黏着你的猫咪，给予御猫高手的治愈方式是什么呢？

总是跟着我

🐾 无论是看电视还是玩电脑，甚至在浴缸泡澡时都跟我在一块。从幼猫时开始就是很爱撒娇的小跟班，这点一直没变，真可爱。（富山县　山先生）

🐾 做饭的时候也总是在脚边绕来绕去，喵喵叫着要跟我玩。虽然这样有点危险，但还是暗暗开心的。一边叫它的名字一边继续做饭。（茨城县　泰西的妈妈女士）

到外面一起散步

🐾 我家的猫咪是个户外活动派，所以我连旅行都带着它一起。虽然我们住的只是帐篷，可是它很喜欢这种非日常的感觉，看起来挺激动的。（静冈县　马林先生）

🐾 当它实在太想去外面玩时就会系上项圈带出去看看。一到外面它就害怕得不停颤抖缩成一团，但能这样一起感受外面的季节风景还是不错的。（和歌山县　栗山先生）

带猫去户外为了防止它们身上的寄生虫与细菌感染，有必要接种疫苗以及做好寄生虫防御措施。但是请千万不要单独放猫咪到外面去，这样太危险了。

捉迷藏

🐾 蒂姆特别喜欢玩捉迷藏。如果我藏起来了它就会喵叫着找我。找到我的话就轮到它躲起来了。还真是有意思呢！（冲绳县　伊木女士）

🐾 小虎总是突然和我玩起捉迷藏。一找到它就要换我躲起来了。不过它总是玩着玩着就会厌倦，突然结束游戏……（宫城县　哈特先生）

一起悠闲度日

🐾 阳光温暖的日子和爱猫小双一起坐在走廊上静静享受晒太阳的感觉，真是太棒了。看着小双安详睡着的脸，觉得整个世界都平和舒适。（宫崎县　双木女士）

🐾 在猫咪打盹的时候悄悄到它身边观察。看着看着，自己也开始迷迷糊糊、昏昏欲睡……等我回过神来，发现它自己主动靠了过来贴在我身边，真是太萌了！（东京　都琉美女士）

一起睡觉

🐾 我和老公，还有猫咪基博三个会呈"川"字形睡觉。基博的固定位置是在我和老公中间。睡觉时感受着它的体温和呼吸，感觉非常治愈。（东京　今泉女士）

🐾 即使当天遇到不爽的事，和自己的爱猫一起睡觉就会放松。每天清晨一睁开眼睛，就能看到爱猫在眼前的感觉最棒了！（广岛县　野津先生）

🐾 我养了两只猫，总是抱着它们一起睡觉，非常治愈我的身心。不吵醒它们静静看着睡着的脸庞时，我总是情不自禁地笑意盈盈。（鹿儿岛县　池田先生）

治愈 3 不知不觉就会戏弄猫咪？！

我可不是蜗牛……

你够了

有很多喜欢恶作剧的主人总会忍不住戏弄老实巴交的猫咪。虽然这样对主人来说可能很治愈，但是太过分的话可是会被猫咪讨厌的哦~~~

这也是种治愈（小字家有小猫）

戳戳戳戳手

拿开！

戳戳戳戳手

拿开！

（你有病啊！）可恶可恶　呀！　可爱哈！　生气的脸也好　治愈~~

让猫做鬼脸

捏

把耳朵往下压，做成苏格兰折耳猫的样子啦，喊它肉包子啦，给它脸上的肌肉做按摩等。因为猫的身体很柔软，所以很多动作做起来不难。猫咪似乎也是一副无所谓的表情……
（爱媛县　菅原女士）

在打哈欠的时候伸手指进去

猫咪心情好时会大打哈欠。待在猫身边，等到猫慢悠悠打哈欠时可是大好机会！在它打开嘴巴的瞬间，将手指伸进嘴巴里面。等它打完哈欠，就会嗷嗷叫着焦虑起来，这副样子真是好玩得不得了！
（滋贺县　福田先生）

打扮它

我家的猫刚好可以穿小型犬的衣服。于是我开始热衷于给它穿上各种各样的衣服打扮它！
（栃木县　多林碧小姐）

给猫咪穿上当季的流行服饰、属相的衣服等，然后给它拍照，暗自窃喜。我家的猫真是穿什么都很好看呢，可爱得不行……然后把照片做成新年贺卡寄给朋友们看。
（秋田县　芭比小姐）

让猫跳舞

嘿哟　嘿哟

把猫放在膝盖上，然后抓好它的前爪做弯曲练习。我家的可爱小猫个性很好，无论我做什么动作都很配合我，从来不逃走，也不露出厌恶的神情（也许只是我的感觉……）
（埼玉县　秋叶小姐）

随意戏弄

猫经过身边突然抱住它！很喜欢给猫惊喜，给它做做按摩呀、抚摸它的尾巴呀等等随意捏弄一下。猫咪有时候露出一点疑惑不解的表情，实在太可爱了！家人之间也总是争抢着戏弄猫。
（长野县　麻木先生）

我有时候会把它放进衣服里，或者让它嗅一些东西，或者玩儿它的胡须，抚摸它柔滑的尾巴等。总之在尽可能不让它感到困扰的范围内（！？）换着花样戏弄它，因为我喜欢猫被戏弄之后的表情。
（埼玉县　诺布林小姐）

干扰它

你很吵诶　喂喂

我家的猫每天必干的事就是坐在窗户边眺望窗外的鸟和野猫，一脸戒备。看它那么认真的样子，我就忍不住想去干扰它，故意喊它。不过它好像不太在意我，那副全神贯注仿佛在工作的样子真让人佩服啊。
（高知县　藤见小姐）

猫语会话术

PART 1

公猫 VS 母猫

▼ P122

彻底比较!!

PART 2

我将在本单元为大家介绍公猫与母猫，以及猫与天敌狗之间的差异，保证既有趣味又能一扫你之前的种种疑惑！

Cat 猫 VS 狗 Dog

▼ P128

彻底比较 PART 1

公猫 VS 母猫

从表面看好像没什么不同。非也非也，其实仔细观察就会发现差别很明显。平常不怎么注意猫是男是女，若有机会从不同角度观察，或许会有新的发现哦！

Check 1 性格差异

虽不能断言"公猫（母猫）就是这样的性格"，但由于性别不同，还是能看出一定程度的区别的。这与猫的繁殖方式有很大关系。

母猫 独立、冷淡

母猫具有怀孕产子和育儿的特性。即便在实际生活中不生子不抚育也会受到"育儿性质"的影响，性格比公猫更加老练。母猫独立，并不像公猫一样依赖主人，也具备躲避危险的慎重个性。向人类展示出的"任性""顽固"性格也是本能地为了保护自己和孩子。

公猫 不论到了什么年纪都像幼猫

由于家猫依赖于人类喂养，不论公母，在精神层面都无法完全长大。而且公猫没有母猫育儿的防卫本能，所以会更像幼猫。它们忠实于欲望，想撒娇的时候就撒娇，看上去很单纯。

母猫 很有原则

猫谈恋爱时选择权在于母猫。为了留下更优秀的子孙就必须选择优秀的公猫。通常是由自己来选择，对于自己的选择有很深的执念。"绝对不行""这食物没问题""这个地方很安全"等，通过对原则的坚持展现出很强的意识性，这也是母猫的一大特征。

公猫 不拘一格

野生的公猫必须在发情期离开自己的地盘去寻找母猫。那个时候就无法事事都坚持原则了。公猫只要有基本的食物，对其他事情就都无所谓了。虽然看上去游离不定，但也可以说是"傻猫有傻福"。

母猫

母猫长相较成熟

●眼睛
母猫有一双细长而清秀的眼睛。脸很小，但是眼睛却非常大。五官干净分明也是母猫的一大特点。显得利落干练。

●脸
脸上没有多余的肉，轮廓十分清晰。腮也没有突出，嘴边也清爽，感觉很纤细。因此，母猫的容貌给人很成熟的感觉。

Check 2 外表差异

与同属猫科的狮子相比，母猫和公猫外表的差别不是很大。但是细细比较还是会发现一些意外的差别。

●眼睛
在性成熟期，眼睑会变厚，眼睛仿佛在瞪着你似的变得有些严厉。去势后的公猫眼周围不会发生变化，依旧十分干净，会比较像幼猫。

●脸
上颌与脸颊之间很容易长肉，像肉乎乎的婴儿脸一般。腮帮子也比较突出，所以整张脸给人感觉略微粗犷。如果做了绝育手术，整张脸就不会那么大，会变得柔和起来。

表情

公猫一脸孩子气

公猫

脸形与表情存在差异

一般来说，公猫与野猫分别比母猫、家猫的脸大。性成熟的公猫腮部会扩大。母猫的脸比公猫小，所以眼睛会非常明显。但是在发情期前做了绝育手术的公猫脸不会变得很大，基本和母猫差不多。

幼猫时很难分清是公猫还是母猫

生殖器

幼猫时期，公猫的睾丸没有外露，还在腹腔里，所以难以用肉眼判断是公猫还是母猫。2~5个月后，睾丸会垂下来，这时才能准确地断定性别。绝育手术后可以通过肚子一侧是否有阴茎来判断。母猫的肛门下面1厘米处有竖长的阴道口。

公猫比较大，大约是 5：4 的差异

体形

公猫特有的激素使得它们肌肉发达，体格更加结实，只是去势后就和母猫没有这么明显的区别了。但是，公猫比母猫大的可能性还是很高，大约会大个一圈（500克左右）。当然也有比公猫大的母猫。在毛质方面公猫母猫看不出区别。

母猫

公猫

肛门与生殖器之间的距离比公猫要近，肛门下面1厘米处有竖长的阴道口，尿道在阴道口的里面，所以没法用眼睛看到。

肛门下方是睾丸和阴茎。肛门与生殖器之间的距离较之母猫要远一些。睾丸在2~5个月之后就会明显变大。

公猫的脸、胸部等上半身部位较厚实，脸也圆嘟嘟的。

公猫

母猫

母猫上半身细长，下半身丰满。母猫体质容易积累脂肪，身体很柔软。

123

猫的怀孕·育儿知多少

常见问题

公猫与母猫性格不同的原因就在于猫的"性构造"的不同。
"养育性"的母猫比较成熟懂事，也更能学会理解。

为避免近亲交配会用气味选择另一半

母猫一般都会选择战斗力比较强的公猫，但是也有选择弱一点的。母猫会用气味决定另一半的"猫选"。动物有避免近亲交配的习惯，会凑近了闻气味来分辨。因此，在打架中输了的公猫也有机会成为母猫的另一半。

母猫可以同时产下不同公猫的猫仔

进入发情期的母猫如果没有交配，那么隔2~3周就会再度发情。另外，在发情期会和同一只公猫或者其他公猫多次交配，以提高怀孕的概率。在与两个以上的公猫交配时能够同时产下不同公猫的猫仔。因此会导致产下的小猫形态各异，兄弟之间长得完全不像。这也可以佐证母猫非常受欢迎的事实。

猫咪一年中有三次繁殖期，主要集中在1~3月，另外还有5~6月以及10月。平均怀孕期为63天。

母猫的费洛蒙会诱使公猫发情

母猫在进入发情期前会分泌费洛蒙。这种费洛蒙会使公猫早一步发情。公猫聚集在母猫身边，通过叫声、气味、打架来赢得关注。母猫发情时，通常弯曲身体，在地上打滚来诱惑公猫，然后与自己选择的另一半交配。

母猫会全力抚养幼猫而公猫基本不会参与抚养

虽说猫是独来独往生活的，但是在抚育幼猫时还会相互协助。一般是母猫的姐妹或者母猫的妈妈来帮助抚养。如果它们跟母猫同时生下猫仔，会相互给对方的孩子喂奶，也会帮助对方弄断脐带。另外，即便没有血缘关系，母猫也会大方地接纳其他幼猫。公猫一般不参与抚养，更不会为孩子捕猎。

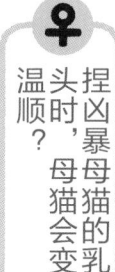

捏凶暴母猫的乳头时，母猫会变温顺？

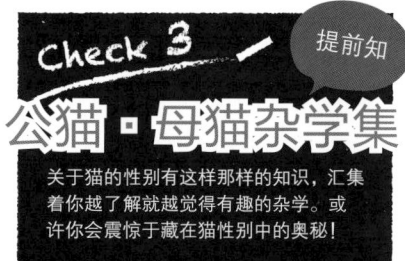

Check 3 提前知

公猫・母猫杂学集

关于猫的性别有这样那样的知识，汇集着你越了解越觉得有趣的杂学。或许你会震惊于藏在猫性别中的奥秘！

如果母猫很具母性，轻轻地捏它的乳头，就会让它感觉幼猫在喝奶，有可能会让它变温顺。但是，肚子部位是它的要害，必须做好它会反抗的准备。问题在于你能不能碰到它的乳头。

●没有去势的公猫的主要特征：下巴结实，脸很大，眼神锐利，领头猫的派头十足！

领头猫长着坚毅且庄严的脸

领头猫几乎都是没有去势过的公猫。没有去势过就会出现性激素，脸和胸部都会长肉，下巴也很结实，脸也会特别大。因此，领头猫的脸几乎都比较大。人们看到的那些拥有细长且漂亮脸蛋的公猫基本上都是去势过的。

猫没有同性恋

对于猫而言，交配的对象经常都是异性，基本没有同性。但是在繁殖期，如果没有异性交配，就会把同性当成异性进行交配。不管是公猫之间还是母猫之间，一方作为公猫的角色，另一方作为母猫的角色，就像在交配时一样，互咬脖子或是压在对方身上。

公猫的活动范围要更广

猫为了避免争夺食物等无意义的斗争，而各有各的地盘。比母猫体格更大的公猫因为吃得也更多，所以需要更宽广的地盘。在自己的势力范围内，可以比其他猫更加悠闲自在、我行我素。狩猎的势力范围在500平方米左右，可以与许多猫共有。

杂种猫比纯种母猫更受欢迎

纯种猫经过多次近亲交配，在繁殖能力上比杂种猫弱。因此，杂种母猫能释放出更强的费洛蒙。在公猫身上也是同样的道理。

很有异性缘哦~

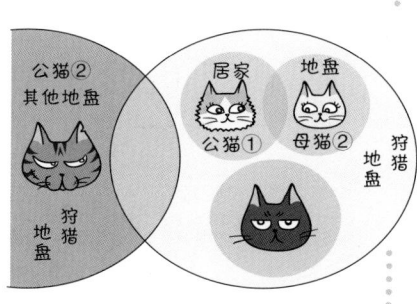

家猫中，有些公猫也会发挥潜在的育儿本能。或许你家也会有会逗幼猫的公猫呢！

猫的世界里也有"奶爸"

如上页所说，公猫一般不会和母猫一起生活或者一起养育孩子。交配结束后就会去追求其他母猫。抚育孩子的任务基本都是交给母猫的。但是，也有一些报道说由于不能像野猫一样到处走动，在家猫中也发现了一些参与抚育幼猫的公猫。

主人的疑问

为何我家猫会有这样的行为

♂ 公猫的缘故？
♀ 母猫的缘故？

我家的猫为何会有这样的行为，是因为公猫的缘故？母猫的缘故？还是它自己特有的个性？

Q 为了获得安全感而向你撒娇

长大的猫有时会轻轻碰一下主人，这种接触方式虽然有些谨慎，但也可以看做是撒娇。它们会通过同主人接触来获得安全感。但是，不论是紧紧纠缠的撒娇方式或者这种小心谨慎的撒娇方式都不是公猫和母猫的差别，而是个体差异。

Q 母猫在感情表达上很谨慎？

我家的猫不怎么会对我撒娇。但是在看电视的时候，会不经意间趴到我的旁边，用前爪或者身体轻轻靠着我。这也是对我有感情的表现？

会压抑控制自己感情的是比较稳重的猫。撒娇方式因猫而异，各有不同。

静静地

Q 走出地盘是公猫的习性

公猫和父母分别后便会走向远方，这是它原本就有的习性。因此会拥有比母猫更强的外出好奇心。走出现在的地盘，去建立全新的势力范围。只要出去过一次，那么它便会不断逃走，去外头巡视一番。

Q 公猫有逃跑的习惯？

我想出去玩~

从朋友处听闻公猫有逃跑的习惯，趁早去做了绝育手术，但是好几次一有机会还是逃走了。这是因为公猫的缘故？

刨啊刨

Q 母猫很爱干净？

我们家的母猫在上完厕所后，会很认真地盖上猫砂。然后会喵喵地叫，希望我快点过去打扫。

不想让人知道自己的藏身之处

厕所如果没清理干净就会不舒服，显示出母猫的小心翼翼。在野外，通过排泄物就会被别人知道自己的藏身之处。母猫为了让猫仔平安长大，经常会有隐藏踪迹的倾向。有些自信且强大的公猫会特意不隐藏排泄物，从而来展现自己的魅力。

Q 公猫会偏爱特定的人？

我养了一只公猫。明明给它喂食带它上厕所的都是我，但是它还是喜欢和其他家人在一起。这是怎么回事呢？

公猫会把特定的人当做精神上的父母

在某个时间某个地点被很温柔地对待过，这个记忆会一直保存着，所以很多公猫会有把这么对它的人当成"精神父母"的倾向。而它一旦认定，就很难发生改变。即便是公猫也有很强的依赖感，这种倾向在爱撒娇的猫咪里很常见，不过在公猫身上比较少见。

Q 母猫吃东西时不会狼吞虎咽？

真好吃~

饲い主さん：我们家的猫只要在固定的时间吃固定的食物就很满足。一点都不喜欢零食或者是人类吃的东西，这是母猫的缘故吗？

公猫兴趣广泛，什么都想吃，但是母猫在吃方面很挑剔，只会吃些让它感觉安心的东西。上图这只猫就因为能吃到自己喜欢的食物而感到满足。但是这也因猫而异。食性是在幼猫时期养成的，所以原本找不到食物的野猫即使变成家猫也不能很快改变吃饭的习惯，也不会很快就喜欢吃人类的食物。

母猫对于食物也十分慎重

Q 公猫喜欢和人一起睡？

饲い主さん：我们家养了一只小公猫。如果我不理睬它它也不会来找我玩，但睡觉的时候一定会来我身边，希望我抱着它。是不是公猫都这样？

孩子气爱撒娇的一般以公猫为多。喜欢跟主人一起睡觉也是一种撒娇行为。

离不开主人是因为还是个幼猫，并不是公猫的缘故。母猫在还是幼猫的时候也应该会紧紧黏着主人。随着成长，母猫会逐渐独立，但是公猫没有独立意识，即使长大了也还是会向主人撒娇。很多公猫都爱撒娇，所以也很有可能会想和你一起睡。

公猫有撒娇属性

Q 一呼唤就会过来的是公猫？

来啦！

饲い主さん：我家的公猫在听到我叫它名字时，即使在别的房间也必定会到我跟前来。看着我摇摇尾巴，很厉害吧！

很多公猫之所以跑过来，是因为它们以为是母亲在呼唤。母猫在精神层面比公猫更加独立，所以即使主人呼唤，它也不会过去。

即便是公猫，如果连续几次跑过去发现都没好事，那么后面再叫它就很难过来了。所以还是不要心血来潮就叫它了。

公猫听到有人呼唤就会过来

Q 母猫爱说话，要求很强烈？

然后呢~

饲い主さん：我们家的母猫会用叫声来传达它的要求。如果无视它的叫声，会一直叫到有反应为止。除了提要求外也经常叫，难道它有话要说？

母猫会在意很多事情，所以提要求的频率也往往高于公猫。通过叫声来引起主人的注意，希望自己的要求得到满足。要求得到满足前会不停地叫，这也是一大特征。母猫为了学习"如何让要求得到满足"，在第一次尝过甜头后，后面也会用同样的方式来传达要求。比起公猫，母猫更擅长和人打交道。

母猫有求于人时会叫

彻底比较 PART 2

猫 VS 狗

常有猫派、犬派之类的词汇出现，猫与狗也经常被视为竞争对手。下面我们从各个角度来比较一下宠物界的两大明星之间的差异吧！

Check 1 运动神经

猫和狗都喜欢狩猎运动，但是由于捕猎方法的不同，身体能力也存在差异。接下来让我们看看它们各自不同的能力吧！

跑得快的是 狗！

野生时期，狗生活在平原，经常进行集体性捕猎，所以必须一直保持全力奔跑。跑得最快的格雷伊猎犬时速可达64千米。而猫是在森林中行走的，进化完成的猫时速可达48千米。因为是在森林里面，会经常撞到树，所以不能跑太快。

更具持久力的是 狗！

狗在捕捉到猎物前，会和伙伴一起一个劲儿地追赶。为了追一只猎物跑10千米也是极为常见的。所以，狗在远距离奔跑中可以说是翘楚中的翘楚。猫由于身体较小，必须在捕猎中提高效率，所以瞬间爆发力是非常强的。

拥有瞬间爆发力的是 猫！

在野生时期，猫会把到处奔走的猎物定为目标，经常一击必中。所以人们认为，当猫扑向猎物的时候，瞬间爆发力是非常强的。把柔软的脊梁骨弓起，又在一瞬间伸直，在这个时候把脊梁骨所储存的能量全部释放。如此跳出的距离很长，离猎物也能更近。

跳得更高的是 猫！

猫在捕猎时会跳到猎物的背上，咬它的脖子，它们很擅长跳跃，而且能准确控制跳落地点，这也是一大特征。但是有报告显示狗和猫的跳跃高度都是2米左右。看样子狗的跳跃能力也是不容小觑的。

擅长游泳的是 狗！

虽然猫也会游泳，但却比不上狗，狗在游泳方面更加优秀。猎犬能够边游泳边捕捉被击落的鸟。猫的毛没有防水性，它们很讨厌浑身湿透。

拉扯力较强的是 狗！

狗在捕捉到猎物后会摇着头一边拉扯一边给其致命伤害，所以它的拉扯力是很强的。有传言说狗因此脸都变长了。

有持久忍耐力，又执着于玩乐的狗始终处于接球的兴奋状态中。容易放弃的猫估计马上就没兴致了……

擅长爬树的是 猫！

野生时期生活在森林中的猫即使到了现在，也可以利用尖锐的爪子爬树。而相反地，生活在平原的狗对于爬树是没一点优势的。

视觉
猫即使在黑暗中也能看得见

猫视网膜背后有一层镜子一样的薄膜，称之虹膜，能够反射光线。这层薄膜能使猫在幽暗的地方也能有优越的视力。狗虽然也有虹膜，但是在黑暗中的视力还是不如猫。另外，狗的视野是250度，而猫比狗广阔，可以达到280度。猫和狗的共同点是都不擅长辨认色彩。而人类在这点上非常出色。

Check 2
五感比较

猫和狗都有敏锐的五感。仔细比较会发现意外的不同。猫虽然很厉害，但是狗也不弱哟！

味觉
狗是没有味觉的

令人惊讶的是，狗没有味觉。虽说猫和狗都是肉食动物，但是猫在味觉方面很灵敏，能够感觉酸、苦、咸。这是辨别食物是否腐烂的能力。虽然狗没有味觉，但它却可以通过出色的嗅觉来辨别食物。

嗅觉
狗的嗅觉是人类的100万倍

狗的嗅觉在五感中是最发达的，大家都知道警犬和搜毒犬。虽然猫也能凭借气味来判断，但是从鼻子深处感知气味的嗅上皮广度和嗅细胞的数量比较的话，狗更加突出。德国牧羊犬的嗅上皮面积是猫的4倍，有170平方厘米。狗的嗅细胞数量有2亿个，而猫只有6000万个。人的嗅细胞数量只有500万个左右。在嗅觉上，狗和猫都比人强大。

我才不会输给你

汪

啪嚓 啪嚓

听觉
猫的听觉在五感中最好

猫拥有敏锐的五感，在这之中最突出的是听觉，仿佛一个出类拔萃的窃听器。尤其是在感知高音方面。狗能够听到3.8万赫兹的声音，而猫能听到6万赫兹。能让耳朵自由转动也是人类无法模仿的。狗和猫运用天线般的耳朵能够准确定位声音的来源。

我不费吹灰之力就能赢你

是猫　是狗

触觉
猫的胡须像高性能传感器

猫和狗的胡须被称为触毛，根部是神经聚集的地方。因此只要一接触到，便能感知物体的样子。通过全身的须来判断脚下是否有障碍物，洞可不可以穿过，可以说全身的胡须都支撑着猫的行动。狗也是全身长须，但不如猫密集，它们只有脸周边的触须才有感知障碍物的作用。

在说什么？

我跟你说那只猫啊

叽叽　喳喳

Check 3
性格与智力比较

必须要动脑筋才能生存下去，这一点猫和狗是一样的。但是它们在能力发展和性格上有明显的不同。性格上不同的地方还是很有趣的。

记忆力不相上下 双方！

猫和狗都能记住过去发生的愉快或者不快的事情，比如吃到好吃的东西就会高兴，闻到讨厌的味道会不高兴。尤其是在食物方面，因为是性命攸关的大事，所以对食物的信息都非常执着。

智力都很高 双方！

据说猫和狗的智力相当于人类2岁左右的智力。如果比较脑在体重中的百分比，人类占到0.89%，猫和狗分别占0.12%和0.14%。假设人类智商为100，那么猫和狗分别是14和16，几乎差不多。

"欢迎回来 亲爱的主人~"
Dog
- 适应能力强
- 具有忠诚性
- 具有协调性
- 擅长忍耐
- 社交性
- 好动

集中力更强的是 猫！

猫狩猎时会全神贯注在猎物的动作上。这种集中力可以达到除了猎物什么声音都不去听的程度，真令人惊讶！

沟通能力更好的是 狗！

狗经常成群结队地捕捉猎物，所以必须加强和同伴间的合作。与之相反，猫是单独行动的动物，即便彼此没有交流也能存活。但是猫在确认谁占领某个地盘方面的信息上也是从不懈怠的。

更具忠诚心的是 狗！

狗的世界是金字塔形的，必须高度服从首领。因此，若狗把主人当成首领，那么它就会展现高度的忠诚。"忠犬八公"就是一个代表。相反，由于猫是单独行动，所以它的忠诚意识是非常淡薄。

适应能力更强的是 狗！

狗在野生时期是集体行动的，所以融入群体的适应能力相对较好。即便在遛狗场也很难发现严重的打架行为。在和人类的共同生活中，猫能在不改变自己的同时与人类相处，所以这个方面是否猫的能力更强一点呢？

更具判断力的是 猫！

猫有优秀的瞬间判断力。捕猎时为了防止猎物逃脱，必须在一瞬间判断找到的是鸟还是老鼠，从而安排下一步行动。狗找到猎物时会先追赶，所以瞬间判断力对它们来说不像猫一般有必要。

更独立的是 猫！

在一定区域内，猫会和其他猫保持一定的距离，独自行动。狗会在一个地方聚集后再行动。因此可以说猫更加独立。

更具协调性的是 狗！

狗生活在集体社会中，通过模仿首领或前辈的行为能够使协调性得到维持。猫的世界里虽然也有首领，但是和部下基本是平等的。首领只要守好自己的地盘，与部下保持着适当的距离就好。

猫也不赖~ 狗也很棒~

猫狗妄想剧场——如果猫在狗社会工作

受到表扬就会更加努力的狗就像一直以来的工薪阶层。猫呢，喜欢悄悄关键找到投资人，可能是自己创业的类型？！

狗的集体意识很强，当同伴或兄弟陷入危险时会奋不顾身迎上去。如果把主人当成同伴，那它也会采取一样的行动。猫只有在保护自己孩子时才会表现得很勇敢，很少会为保护主人而勇敢行动。

更勇敢的是 狗！

"我喜欢独自待着" Cat
· 擅长独处
· 具有判断力
· 集中力强
· 慎重
· 秘密主义
· 不做没用的事

与誓死效忠首领和主人的狗相比，猫更精于顽强生活下去的能力。野猫会在好几户人家走动，在每户人家里都可以吃到饭。即便是家猫也能辨别出谁更宠爱自己。另外，由于讨厌徒劳无益的事，如果对方不能惯着自己，猫就会离开这个家。

更精明的是 猫！

为了能在野生环境中生存下去，猫和狗原本都有慎重的一面。但是猫属于"一朝被蛇咬，十年怕井绳"的性格，所以一直小心谨慎地行动。狗大胆勇敢的一面更加突出。所以说猫的性格更为慎重。

更慎重的是 猫！

狗和同伴一起居住时会慢慢建立起信任感，可以说具有很强的社会性倾向。但是，猫往往是独自生活，能够依靠的只有自己。这种悄悄生存的方式可能会被看成是秘密主义。

有小秘密的是 猫！

爱你哟~ 抱抱 别碰我
有时这样 有时那样

不想撒娇时会一副"不要理我"的表情去别的房间。当它表现出很想跟你玩的表情而你很配合地拿出玩具时，它又会一副事不关己的表情。猫忠于自己的欲望，经常我行我素，可以说具有两面性。

有两面性的是 猫！

随时保持端正的姿态
肚子饿了~
坐姿英挺
倒在地

猫会习惯性地躲开讨厌或者麻烦的事，但是狗即便很讨厌某件事，也会绝对服从首领的命令，由此可以看出狗的忍耐力是比较强的。

更擅长忍耐的是 狗！

很多狗都有自己的工作，比如导盲犬、警犬等。可以说狗是为了人类而工作的。而猫也有特殊的用武之地。在俄罗斯有防止走私鱼子酱的白鲟搜查猫，还有在苏格兰的威士忌蒸馏所里有专门捕捉老鼠的威士忌猫。

像『勤劳小蜜蜂』的是 狗！

出版后记

  猫咪在人类眼中总是神秘又难懂。它们在户外仿佛旁若无人、心机重又无情。但在家里却又爱撒娇又温驯；猫咪集凶悍、贪玩、高傲于一身，虽然是最难以取悦的宠物，但人类对猫的喜爱却从未因此减少。人们爱它粉嫩嫩的肉垫，毛茸茸的身体，圆溜溜的眼睛……它给你的也不只是简单的陪伴，还有身心的温柔治愈。

  每只猫都有自己独特的个性和表达习惯，我们和猫咪属于两个不同的世界，即使再爱它们，语言上的障碍也总让人困惑受挫。为什么它喜欢趴在我的电脑上？为什么它开心烦恼时都会摇尾巴？为什么冷不丁就翻脸挠人？虽身为猫奴，但恐怕很多人都不知道喵星人的真正所想，不知道知道它们"喵叫"背后的真正含义。所以继《猫咪学问大》之后，我们又为爱猫的各位引进了这本《猫语大辞典》，以专业、友善的建议，帮助你用猫的眼睛看世界！

  想要让猫咪听话，你要先学会说它的话，了解她的行为，解读它的表情。抖动的胡须、滴溜转的眼睛、摇摆的尾巴都诉说着它们此时的心情。猫咪的一举一动都有意义，没有一个动作是没用的。本书作者今泉忠明是日本猫博物馆馆长、权威御猫专家。在书中，他彻底为我们解析了猫咪的不同叫声和各种肢体语言，从瞳孔、胡须到脚爪、尾巴，真正从头到尾、全不放过。解说文字搭配全彩猫咪萌图，既丰富有趣又知识性十足。书里还有其他猫咪百科全书里没有的猫咪身体秘密辞典附录，能让爱猫的你轻松了解猫咪所思所想。

爱它，就该弄懂它。有了本书指引，相信你能深入了解猫咪内心，明白它的真实需求。让我们一起来了解家里的爱猫，做个称职的猫奴吧！

服务热线：133-6631-2326　188-1142-1266

服务信箱：reader@hinabook.com

后浪出版公司

2016年6月

图书在版编目（CIP）数据

猫语大辞典 /（日）今泉忠明编；小岩井译 .—北京：北京联合出版公司，2016.3
（2018.1 重印）
ISBN 978-7-5502-7161-6

Ⅰ . ①猫… Ⅱ . ①今… ②小… Ⅲ . ①猫—驯养—词典 Ⅳ . ① S829.3–61

中国版本图书馆 CIP 数据核字（2016）第 023242 号

Nekogo Daijiten
© Gakken Publishing 2011
First published in Japan 2011 by GAKKEN Publishing Co., Ltd., Tokyo
Chinese Simplified character translation rights with Gakken Publishing Co., Ltd.
through Future View Technology Ltd.,

本书中文简体版由后浪出版咨询（北京）有限责任公司出版发行。

猫语大辞典

编　　者：[日]今泉忠明
译　　者：小岩井
选题策划：后浪出版公司
出版统筹：吴兴元
责任编辑：管　文
特约编辑：薛茹月　李志丹
营销推广：ONEBOOK
装帧制造：墨白空间・张静涵

北京联合出版公司出版
（北京市西城区德外大街 83 号楼 9 层　100088）
北京盛通印刷股份有限公司印刷　新华书店经销
字数 74 千字　720 毫米 × 1030 毫米　1/16　9 印张　插页 4
2016 年 9 月第 1 版　2018 年 1 月第 4 次印刷
ISBN978-7-5502-7161-6
定价：39.80 元

后浪出版咨询（北京）有限责任公司常年法律顾问：北京大成律师事务所　周天晖 copyright@hinabook.com
未经许可，不得以任何方式复制或抄袭本书部分或全部内容
版权所有，侵权必究
本书若有质量问题，请与本公司图书销售中心联系调换。电话：010-64010019

《猫咪学问大：
人类最想问的80个喵什么》

著　　者：［英］德斯蒙德·莫里斯
译　　者：黄建仁
书　　号：978-7-5502-2211-3
出版时间：2014.1
定　　价：39.80元

诺贝尔文学奖得主多丽丝·莱辛最推崇的御猫术
著名演员赵文瑄、果壳网CEO姬十三、鹦鹉史航联合推荐
《裸猿》三部曲作者德斯蒙德·莫里斯倾力打造 权威动物学家的独门养猫秘籍
爱猫、养猫的人必读的TOP1猫学百科
风行全球30年，百万爱猫人士口碑推荐
养猫新手不容错过的猫咪心事终极大揭秘
知名动物学家权威解说＋资深猫奴言传身教＋80只美喵高清萌照
前所未有 萌度爆表！
走进猫咪的神奇国度，分享猫咪的喜怒哀乐，让你的喵星人庆幸有你相伴

内容简介

　　猫咪，这星球上神秘又优雅的生物。猫为什么会发出呼噜呼噜的声音？猫为什么喜欢磨蹭人的脚？猫为什么要吃草？还有，猫竟然是瘾君子！猫借着声音、眼神、尾巴和耳朵动作在传递什么讯息？猫为什么要理毛？猫咪真的是不爱交际的独行侠？如何防止爱猫破坏家具？猫咪如何争地盘、打架？猫咪到底有没有超能力？
　　内容前所未有、独一无二，猫咪真正喵的学问大！世界知名动物行为学家戴斯蒙德·莫里斯将解答八十个我们人类最想要问的"喵什么"。从一九八六年初版以来，广获世界各地爱猫人口碑推荐，长销二十五年，要养猫、爱猫、了解猫就非读不可。佐以精美的照片解说，帮助你更了解你的爱猫，人猫相处更加喵的亲密。

《狗狗学问大》

著　　者：［英］德斯蒙德·莫里斯
译　　者：黄建仁
书　　号：978-7-5502-1671-6
出版时间：2015.2
定　　价：39.80元

◎ 千万册畅销书《裸猿》作者德斯蒙德·莫里斯又一力作
◎ 最值得信赖的犬学百科，最通俗有趣的动物学科普书
◎ 风靡全球30年，几代爱犬人架上珍藏的经典
◎ 简体中文版由人气狗狗明星@后会无期马达加斯加 倾情代言！

　　如果你正打算带一只毛茸茸的小狗回家，如果你接受过狗狗毫无保留的爱，如果你对这个聪明又忠诚的朋友有几分好奇，就不要错过这本了解狗狗的必读之书。

内容简介

　　狗狗，人类最好的伙伴，它用一生的时间忠实地陪伴你，但你试过抽出一点时间去了解它吗？那些你以为是在爱它的行为，会不会变成对它的伤害？不妨从这本书开始，跟权威动物学家德斯蒙德·莫里斯一起读懂狗狗，找到爱它的正确方式吧！

　　在本书中，莫里斯并没有大谈如何驯狗，而是俯下身来，从与狗狗平等的视角带你仔细观察这个与你朝夕相伴的亲密朋友。书中精心设置了关于狗狗的44个基本问题：狗狗为什么那么爱叫？为什么对气味如此着迷？狗狗真的能看懂你的眼神，听懂你说的话吗？为什么走得再远，它们都能找到回家的路……随着问题的答案一个个揭晓，你将越来越懂得欣赏这些出色动物的惊人之处，你与狗狗相处的幸福感也将持续升温！作为最经典权威的犬学百科之一，本书已在全球各地畅销近30年，书后还特别附赠了狗狗成长纪念簿，供你记录伴随狗狗一起成长的温情时刻，是所有爱犬人绝对不能错过的架上珍藏哟！